応用情報技術者
［午後］速効問題集

速効サプリ®

村山直紀◉著

日本経済新聞出版

本書では，下記の略称・略号を用います。

略称・略号	意味
ネットワーク機器の“FW”	ファイアウォール
役職の“PM”	プロジェクトマネージャ
AP	応用情報技術者試験
AU	システム監査技術者試験
DB	データベーススペシャリスト試験
ES	エンベデッドシステムスペシャリスト試験
NW	ネットワークスペシャリスト試験
PM	プロジェクトマネージャ試験
SA	システムアーキテクト試験
SC（H28 秋まで）	情報セキュリティスペシャリスト試験
SC（H29 春から）	情報処理安全確保支援士試験
SM	IT サービスマネージャ試験
ST	IT ストラテジスト試験

原典（問題文，解答例，出題趣旨）の著作権は，IPAが有します。
IPA公表の原典と本書に記述の相違がある場合，原典の表現が優先します。
文中の「…」**は，原典・文献から引用した文字列**です。
文中の“…”**は，原典・文献からの引用ではない文字列**です。
文中の（略）（注：…）**は，筆者の判断によって加えた箇所**です。また，
引用文中の強調太字・下線は筆者によるものです。

はじめに

筆者の村山直紀と申します。

応用情報技術者（AP）試験の合否は，“○○字以内で答えよ。”で，ほぼ決まります。本書は答を覚えるズルい本。いっそ，答え方だけを覚えてもOK。しかも，国語力で稼げる下記の5分野に絞った，割り切り設計です。

・問1（情報セキュリティ）	90問
・問2（経営戦略）	60問
・問9（プロジェクトマネジメント）	60問
・問10（サービスマネジメント）	60問
・問11（システム監査）	60問

合格レベルの目安は，本書を10時間以内で読み通せること。既刊『うかる！ 情報処理安全確保支援士 午後問題集』で合格者多数の「速効サプリ®」式で長文を要約・パターン化した“速効”問題集が，AP試験も救います。

ですが本書は“初学者お断り”。下記は共に満たす必要があります。

- 基本情報技術者試験には合格済み
- AP試験［午前］で見込める正答率は75%以上

案内役は，表紙の女性です。合格あと一歩の背中に“最後の一押し（ひと）”を与えてくれます。

2023年2月

村山直紀

CONTENTS

第3章　暗記が効く！「プロジェクトマネジメント」

第4章　これぞパターン！「サービスマネジメント」

第5章　推理を楽しむ！「システム監査」

本書の使い方

[午後] に特化

[午後] の試験は 11 問出題され，問 1 が必須問題，問 2 から問 11 のうち 4 問を選択する形式となっています。本書はこのうち必須問題の [問 1:情報セキュリティ] と，いわゆる“文系”にこそ有利な [問 2：経営戦略] [問 9：プロジェクトマネジメント][問 10：サービスマネジメント] [問 11：システム監査] の 4 問の攻略に特化しています。

公式解答例を掲載

本書は安心の“ 公式解答例至上主義”。出題者（独立行政法人情報処理推進機構，以下 IPA）による公式の解答例を引用した上で，読者の皆様が最も知りたい，“なぜ，これが IPA の絶対的な正解なのか？”の根拠が分かるよう，問題文を再編集しています。

ズルいテクニック満載

本書は過去問題を徹底分析し“問われているのは，この点だ！”が分かるよう解説しています。また，キーワードからその言葉の概要や出題された表現を導き出す「こう書く！」や, 意外と見落としがちな記述式の弱点を克服する「漢字かきとりテスト」など，得点につながるテクニックも満載。

“速効サプリ®” 使用上の注意

時間がない方は，問題文（ページ上）よりも先に，答と解説（ページ下）を読みましょう。先に答を見ることを，後ろめたい行為だと思ってはいけません。

目指すは，“解く” ことではなく，“マルが付く文字列が書ける” こと。解くための勉強は済ませてあることが，本書の読者の前提条件です。

下線と文字数に意味がある

筆者が “この答え方はウマい！” と感じた箇所には，解答例文に下線を入れてあります。そして “本問の制限字数で表現できる内容は，この深さだ！” と分かるよう，その文字数も併記しました。

細字は読み飛ばす

問題文は，太字だけを読み，細字を読み飛ばしても OK。それでも意味が通るように編集しました。そして，“問うているのは，この点だ！” も明確に分かるよう，設問において “ここが問われている” という箇所には，下線を引いています。

登場人物紹介

基子

基本情報技術者，応用情報技術者，ベンダ系の資格もいくつかもつ 25 歳。社内勉強会で後輩に教えつつ自身も学んでいる。学生時代は文系。心を開いた相手には饒舌に喋る。

村山先生

基子の同僚で本書内の「こう書く！」「コラム」「補足」を担当。「正解を書ける方法」を指導している。

第 1 章

飛ばして読める！「情報セキュリティ」 90問

》》》 パターン 1　「基本は“コピペ改変”」系 7問

》》》 パターン 2　「悪手を見つけた→反対かけば改善策」系 3問

》》》 パターン 3　「攻撃手法の知識問題」系 16問

》》》 パターン 4　「フィルタリングの勘どころ」系 6問

》》》 パターン 5　「物理的対策」系 4問

》》》 パターン 6　「NTP 入れと」系 3問

》》》 パターン 7　「プライバシ保護」系 5問

》》》 パターン 8　「マルウェア対策」系 8問

》》》 パターン 9　「認証」系 5問

》》》 パターン 10　「管理策」系 26問

》》》 パターン 11　「ネットワーク技術」系 7問

パターン1 「基本は“コピペ改変”」系

本文に沿って答を書く，その早道は“本文をコピペ”。“では，どうパクるか？ どう抜粋すると見栄えが良いか？”を，本パターンの各例題で身に付けて下さい。
併せて，2問目の「構成管理」については本書の【→第4章パターン5「手早い把握は“構成（コーセイ）！”」系】を，7問目の攻撃手法については本章の【→パターン3「攻撃手法の知識問題」系】を，それぞれご覧下さい。

1　M社のZ氏による調査で判明した事実は，「**メールサーバのログには，不審なファイルが添付された**Web管理者宛ての**電子メールの受信記録があった。**また，同じファイルが添付された電子メールが**社内の他部署の社員にも送信されている記録があった。**」等。
次ページ，情報セキュリティ担当要員の「**K氏は，類似の標的型攻撃メールが送付された宛先を，** [a] **から調査し**，標的型攻撃メールが**届いた全ての社員に対して**（略）**指示した**」。

Q　本文中の [a] に入れる適切な字句を15字以内で答えよ。
(H28秋SM午後I問3設問2（1））

A　「メールサーバのログ（9字）」

K氏が「標的型攻撃メールが届いた全ての社員に対して」指示を出すためには，その準備として，**「メールサーバのログ」**から，「同じ（注：不審な）ファイルが添付された電子メールが**社内の他部署の社員にも送信されている記録」を探せば良さそう**です。
本問は，上記の“どこ”から探すのか，の部分を答えさせました。

補足

本書に出てくる“AとくればB”は，**“Aとくれば，書くべき答はB”**。
B側を覚えておくと，脊髄反射で答が書けます。

2 表１より，**B社が運用する「構成管理システムでは，**B社で使用するサーバ及びPCの**構成情報を**構成管理サーバに**登録している」。「構成情報には，OSセキュリティパッチ**（以下，**OSパッチ**という）**の適用状況**（略）**の情報が含まれる」。**
3.2ページ略，**表3中の問題点**，B社の「セキュリティ管理課では，**最新のOSパッチが適用されていないPCを把握していない。」への対策案**は，「**[c]を使って，PCのOSパッチの適用状況を把握する。」**である。

Q **表3の[c]に入れる適切な字句を15字以内で答えよ。**

(R03春SM午後Ⅰ問2設問2（2））

A 「構成管理システムの構成情報（13字）」

表3中の問題点の意味は，決して“最新のOSパッチが適用されていないPCを，**把握できない。”ではありません。ここの正しい解釈は**“適用状況を把握できる仕掛けが整っているのに，**把握していない。”です。**
なので，**現状でも把握しようと思えばできたことを答えて下さい。**

こう書く！

「サイバーセキュリティ演習での参加チームの役割のうち，**レッドチーム**の役割」とくれば→「脅威シナリオに基づいて**対象組織に攻撃を仕掛ける。**」(R04秋PM午前Ⅱ問25選択肢ウ)

3 U社のシステム監査チームは，「情報系システム及び基幹系システムの**基本設計で定めるセキュリティ対策は，U社の情報セキュリティ対策基準に準拠する。**」等を把握した。
1.5ページ略，**表2中，項番3の監査手続**は，「**基本設計書及び** [c] **を閲覧**して，**基本設計書の“セキュリティ設計”の内容が，セキュリティ要件を充足**していることを確認する。」である。

Q **表2項番3に記述中の [c] に入れる適切な字句を，15字以内で答えよ。**
(R03秋AP午後問11設問3)

A 「情報セキュリティ対策基準（12字）」

情報セキュリティ監査の尺度として**経済産業省が公開する文書，『情報セキュリティ管理基準』とは要区別。**本問の「情報セキュリティ対策基準」は，そういう名前の（U社内だけで通用する）文書だ，と気付けたかが勝敗を分けました。

こう書く！

「DNSの再帰的な問合せを使ったサービス妨害攻撃（**DNSリフレクタ攻撃**）**の踏み台にされないための対策**」とくれば→「**DNSサーバをDNSキャッシュサーバと権威DNSサーバに分離**し，インターネット側からDNSキャッシュサーバに問合せできないようにする。」(R04春NW午前Ⅱ問21選択肢ア)

4 エンジニアリング企業K社では，外部に「**サーバの運用を委託する場合は，**定期的な管理レポートを（注：K社にとっての）顧客が要求する形で報告し，顧客が要求する場合には，**サーバの管理について監査を行うことが，顧客との契約条件となる場合がある**」。
1.8ページ略，**表2（各社のクラウドサービスの比較表）中の提供企業「Z社」は，**サーバの運用を「Z社」が行い，**監査の受入れは「不可」**。

Q （注：K社の）L氏が，Z社のクラウドサービスの評価として，顧客要求への不適合の可能性があると判断した根拠は何か。20字以内で述べよ。

（H25春PM午後Ⅰ問1設問3（3））

A **「サーバ管理についての監査ができない。（18字）」**

表2中の条件だと，Z社に「サーバの管理について監査を行うこと」そのものがムリです。

このような場合の代案として，例えば情報処理安全確保支援士（SC）試験では，**クラウドサービスに対して直接やってしまうと怒られる脆弱性検査の代わり**（R02SC午後Ⅱ問2設問4）**として，**「セキュリティ対策についての**第三者による監査報告書で確認する**という方法」を答えさせています。

こう書く！

「**SMTP-AUTH**の特徴」とくれば→「メールクライアントからメールサーバへの**電子メール送信時に，利用者IDとパスワードなどによる利用者認証**を行う。」（R04秋SC午前Ⅱ問14選択肢ウ）

5 ある日，**J社営業課のK君が出社し，持ち帰っていた「モバイルPCを起動したところ，金銭の支払を要求する警告メッセージが表示された。**当該モバイルPC上のファイルを確認すると，新製品の提案書と営業日報の**ファイル名の拡張子が特定の文字列に変更されていた。**その拡張子を変更前のものに戻してからファイルを開いても，内容は文字化けして，判読できなかった」。

次ページ，情報セキュリティ担当の「S主任は，**今日，K君が当該モバイルPCを社内LANに接続した時刻以降，社内のネットワークから外部への不審な通信が行われていないこと，**①社内の他のPCやサーバに感染被害が拡大していない**ことを確認した**」。また「S主任は，当該モバイルPC上で変更されたファイル名の拡張子の文字列から，最近報告されたマルウェアの疑いが強いこと，**当該マルウェアは最新のウイルス定義ファイルで駆除できる**ことを確認した」。

Q **本文中の下線①について，マルウェアの感染被害が拡大していないことを，どのような方法で確認したのか。40字以内で述べよ。**

(H30春AP午後問1設問2)

A **【内一つ】「他のPCやサーバでマルウェアによる警告メッセージが表示されないこと（33字）」「特定の文字列に変更された拡張子のファイルが他のPCやサーバにないこと（34字）」「最新のウイルス定義ファイルで，当該マルウェアが他に検出されないこと（33字）」**

もう述べてあるので**“社内のネットワークから外部への不審な通信が行われていないこと”はバツ。**これ以外で答えましょう。

解答例はどれも，本文中に見られるマルウェアの特徴の，逆を書いたものです。本問の**マルウェアの特徴は，①「警告メッセージが表示」，②「拡張子が特定の文字列に変更」，③「最新のウイルス定義ファイルで駆除**（注：もちろんその前に**検知**も）**できる」**ですが，**これらの特徴が“（見られ）ないこと”という論法**で答えています。**ズルい書き方ですね，真似しましょう。**

なお，しばらくオフラインだったK君のモバイルPCを除くと，**社内LAN上のPCやサーバが当該マルウェアに感染していた可能性は，元から低かった**とも言えます。S主任は**「当該マルウェアは最新のウイルス定義ファイルで駆除できる」**と確認しましたし，問題冊子には，**J社内では「PCとサーバにウイルス対策ソフトを導入し，最新のウイルス定義ファイルとセキュリティパッチを自動的に適用している。」**という記述も見られました。

6 **A研究所を利用する場合**，「同じ企業に所属する者であっても，**他の利用者の利用者カードを借りて利用することは禁止している**」。
3.0ページ略，**A研究所では「プラスチックの利用者カードを廃止して**，利用者コードから生成する**QRコードを利用した利用者カードに変更し，スマートフォンなどでいつでも表示可能にする。**（略）URLにアクセスするとQRコードが表示される。このとき，③電子化前の利用者カードの使用ルールを踏襲し，**URLにアクセスする都度，利用者**の電子メールアドレス又は携帯電話のショートメッセージサービス**にワンタイムのPINを送付し，PINを入力しないとQRコードが表示できない仕組みにする**」。

Q **本文中の下線③の使用ルールとは何か。30字以内で述べよ。**
（R03春SA午後Ⅰ問1設問3（3））

A **「他の利用者の利用者カードを借りて利用することの禁止（25字）」**

新たに採用する**「QRコードを利用した利用者カード」の実体は，スマートフォン等での画面表示**です。
「プラスチックの利用者カード」の場合，不正に借りるだけで真正な利用者になりすませます。これと同様，**ただ画面上にQRコードを表示させるだけの仕組みだと，①QRコードを表示したスマートフォンの貸し借り，②QRコードを撮影して他の機器で表示させる，などの手口で真正な利用者になりすませます。**
そこで，**上記①②の実行を困難にする策が，下線③以降の仕組み**です。実行を"完全に防げる"とまではいきませんが，"困難にする"ことはできます。

こう書く！

「**参加者が毎回変わる100名程度の公開セミナにおいて**，参加者に対して無線LAN接続環境を提供する。**参加者の端末以外からのアクセスポイントへの接続を防止するために効果がある情報セキュリティ対策**」とくれば→「アクセスポイントがもつ認証機能において，参加者の端末とアクセスポイントとの間で**事前に共有する鍵をセミナごとに変更する。**」（R04春ST午前Ⅱ問25選択肢ウ）

7 **A 社が整備するガイドライン，図 1（Web セキュリティガイド第 1 版）中の記述**は，「工程 3．実装」中の下記等。
「Web アプリの実装時に，次の脆弱性について対策すること」
「1．クロスサイトスクリプティング（以下，XSS という）」
「2．SQL インジェクション」
なお，**同ガイドは「外部の業者にも順守を義務付けている」**。
4.1 ページ略，脆弱性の診断で見つかった「**Web アプリの脆弱性については，まず，今回検出された XSS を作り込んだ原因について，**（注：**委託先**）**B 社にヒアリングした**。その結果，Web セキュリティガイドの記載が抽象的なので，誤った実装をしてしまったことが分かった。そこで，全ての担当者が正しい実装方法を理解できるように，**Web セキュリティガイドを**（注：**第 2 版へと**）**改訂して具体的な実装方法を追加することにした**」。
続く**図 3**（Web セキュリティガイド**第 2 版**）**で追加された記述**は下記等。
「1．XSS」
・「Web ページに出力する全ての要素に対して，**エスケープ処理を施すこと**」
「2．SQL インジェクション」
・「SQL 文の組立ては**全てプレースホルダで実装すること**」

Q **診断で見つかった個々の脆弱性は Web セキュリティガイドを改善するためにどのように利用できるか。40 字以内で述べよ。**

（H30 春 SC 午後Ⅱ問 2 設問 6）

A **「脆弱性の作り込み原因を調査して，注意すべきポイントを追加する。（31 字）」**

実は**この解答例，下記の手順で生成されたもの**です。

本文中の記述	解答例中の対応する表現
「Web アプリの**脆弱性については**，まず，今回検出された XSS を**作り込んだ原因について**，（注：委託先）B 社に**ヒアリングした**」	「脆弱性の作り込み原因を調査して，」
「Web セキュリティガイドを改訂して**具体的な実装方法を追加する**ことにした」	「注意すべきポイントを追加する。」

本文中の記述を基に，正解（らしき文字列）を作れるスキルが身につくと，試験会場だけでなく，**いろんな場面でハッタリが利きます。**

パターン2 **「悪手を見つけた→反対かけば改善策」系**

明らかにマズい話を本文中に見つけたら，それが得点のチャンス！
この**マズい話に対する改善策を書くコツは，語尾を否定すること**。例えば“（…という本文中のマズい話）をやめる。”を軸に答えればマルがつく，その練習ができる出題を集めました。

1 **A社では**，図3中の**認識された課題の内**，「b. **インシデント対応についての作業手順が明確になっておらず**，手探りの作業となった。このため，（注：漏えい文書の投稿先である）掲示板事業者への要請といった**措置の着手が遅れた。」という点については未対応。**
8.3ページ略，「最後に，⑦インシデント対応能力について未対応の課題を解決するための措置がまとめられ，順次実施されていくことになった」。

Q **本文中の下線⑦について，（略）その課題を解決するための措置を，25字以内で具体的に述べよ。**
（H30秋SC午後Ⅱ問2設問5措置）

A **「インシデント対応の作業手順書を作成する。(20字)」**

マズい話の語尾に“…を改善する。”を足す。このやっつけ仕事で，改善策の粗筋は完成です。
本問には，**「インシデント対応についての作業手順が明確になっておらず」という明らかにマズい表現**が見られます。
この語尾に“…を改善する。”を足して，読みやすく整えましょう。これで文字列**“インシデント対応についての作業手順を明確化する。(24字)”**が作れました。
十分，加点も見込める表現ですが，採点者からの“どういう形で明確にするんだ？”というツッコミをかわすには，**“インシデント対応についての作業手順を，マニュアル化する。(28字，字数オーバ)”**で，どうでしょう。
字数オーバなので，**“について”は削ります。**

2 「エンドポイント管理用ソフトウェアである**製品D**」**は**，「サーバ及びPC内の標準ソフトウェアの**パッチ適用状況及びセキュリティ設定を日次で監視する**」。

Q **（注：自社の）情報セキュリティ標準を基に手作業及び目視でセキュリティ設定パラメタの設定値をチェックする方法と比べて，製品Dによる方法は，どのような利点があるか。二つ挙げ，それぞれ15字以内で答えよ。**

（H30秋SC午後Ⅱ問1設問4（3））

A **【順不同】「作業が速くできる。（9字）」「正確である。（6字）」**

解答例の前者は「手作業」と比べた，後者は「目視」と比べた，自動化させることの利点です。人間が手作業でやると“遅い”し，目視に頼ると“見間違う”，ということですね。

コラム **“具体的に”とは？**

たまに設問に見られる「〇〇字以内で**具体的に述べよ。**」という指定は，そう気にしなくても大丈夫です。**実は，まじめに答えた瞬間に「具体的に述べよ。」という条件も満たせます。**

では，**具体的じゃない述べ方，とは？**

それは，**“なんか知らんけどいい感じにうまくやる。”といった，ふんわり表現のこと**です。実際に，「〇〇字以内で**具体的に述べよ。**」と指定された設問の全てに**“なんか知らんけどいい感じにうまくやる（から）。”と答えてみて下さい。なんとなく受け答えが成立してしまいます。**採点者は，**こんな表現にはバツを付けたい**のです。

そして皆様も**自己採点の際，「具体的に述べよ。」の設問に“いい感じにうまくやる”式で答えてはいないか，この観点も加えた○×△の判定をしましょう。**

3 **J社の営業課員が社外に携行する「モバイルPC」は,「社内では無線LANによって社内LANに自動的に接続できる」。**
ある日,**営業課のK君が持ち帰っていたモバイルPCがマルウェアに感染した。**「モバイルPCには,社内のPCと同じウイルス対策ソフトが導入されている。しかし,**ウイルス定義ファイルは,社内LAN接続中に手動又は不特定の時刻に自動で更新される仕様なので,**モバイルPCの利用時に**ウイルス定義ファイルが最新になっていない可能性がある**」。
「J社の情報セキュリティ規程では,(略)ウイルス定義ファイルを最新のものに更新するよう定めていた。しかし,**今回,K君はウイルス定義ファイルが最新になっていることの確認を怠ってしまった**」。

Q **モバイルPCのウイルス定義ファイル更新を確認する観点から,(注:社外への)持出し時に確認すべき事項(注:意味は"…確認すべきこと")を30字以内で述べよ。**
(H30春AP午後問1設問3(1))

A **【内一つ】「社内LANに接続し,手動でウイルス定義ファイルを更新したこと(30字)」「ウイルス定義ファイルの更新日時が最新であること(23字)」「ウイルス定義ファイルのバージョンが最新であること(24字)」**

解答例はどれも,本文中の悪い話の,逆を書いたものです。AP試験[午後]では,この手が使えます。

悪い話,否定を書けば改善策。

なお,今回のK君のインシデントの後,**J社では管理策として「モバイルPCの持出し時の手順にチェックリストによる点検を新たに追加した」**そうです。この記述に引っぱられて**"点検用のチェックリストに挙げられた事項(または項目)"と答えてしまうとバツ**でした。

パターン３　**「攻撃手法の知識問題」系**

本パターンの得点は，知識量が左右します。知らない用語や攻撃名を本書で知ったら，今のうちに検索・学習を。AP 試験［午後］問 1 では，**攻撃名の知識に加えて，その攻撃が成功（失敗）する条件・理由も軽く説明できるスキル**が問われます。

1　C 社の「会員制 Web サイトに**ログインするには会員番号が必要であり，会員登録時に，重複しない 6 桁の数字列をランダムに割り振っている**」。

1.9 ページ略，**D 課長の検討は**，「Web サイト閲覧履歴は，その中に含まれる**会員番号を，元に戻せない仮の ID**（以下，**仮 ID** という）**に変換してから，Web アクセスログ分析システムに転送する。**」等。

「D 課長は検討した結果を F 部長に報告した」。

D 課長：「**仮 ID に変換する際には，変換後の ID が衝突しないように，会員番号に**（注：**「ハッシュ関数」**（空欄 c））**を適用した結果を採用**しようと考えています。」

F 部長：「仮 ID から直接元の会員番号に戻すことはできませんが，**万一，採用した**（注：**「ハッシュ関数」**（空欄 c））**が知られてしまった場合には**，②間接的に仮 ID から元の会員番号を特定できてしまいます。（略）」

Q　**本文中の下線②について，仮 ID から元の会員番号をどのようにして特定することが可能か。35 字以内で述べよ。**　（H29 秋 AP 午後問 1 設問 1（4））

A　**「会員番号となり得る全数字列を同じハッシュ関数で変換して突き合わせる。（34 字）」**

会員番号は「重複しない 6 桁の数字列」なので，突き合わせる回数の上限は 100 万回。レインボーテーブルを作ってもそのサイズは 100M バイト未満として，**こんな処理，オンメモリで余裕です。**

C 社の「会員制 Web サイト」，問題冊子によると「約 50,000 人の顧客」でした。**どんなハッシュ関数を使っているのかさえ分かれば，全ての有効な「会員番号」と「仮 ID」を対応づける処理も，眺めている間に終わります。**

なお下線②の後には，F 部長の，「これを防ぐために，**公開しない文字列と会員番号を文字列連結した結果に対して，**（注：**「ハッシュ関数」**（空欄 c））**による変換**を行ってください。」が続きます。ここから作れる別の出題として，**“F 部長の言う，文字列連結する「公開しない文字列」を何と呼ぶか。”**とくれば，書くべき答は **“ソルト（salt）”**です。

2 「一般に，Webサイトでは，②パスワードをハッシュ関数によってハッシュ値に変換（以下，ハッシュ化という）し，平文のパスワードの代わりにハッシュ値を秘密認証情報のデータベースに登録している。**しかし，データベースに登録された認証情報が流出すると，レインボー攻撃**（略）**によって，ハッシュ値からパスワードが割り出される**おそれがある」。

Q **本文中の下線②について，ハッシュ化する理由を，ハッシュ化の特性を踏まえ25字以内で述べよ。** （H31春AP午後問1設問3（1））

A **「ハッシュ値からパスワードの割出しは難しいから（22字）」**

この特性を表す専門用語，"原像（げんぞう）計算困難性"や"一方向性"を適切に用いてもマルですが，**単に"難読化"の旨だけを述べたものはバツ**です。

出題者が下線②の後に，逆接「しかし,」に続けて「レインボー攻撃」の話を加えたのもヒント。その出題者の狙いは，**"レインボーテーブルを使えば，ハッシュ値から元のパスワードを割り出せるかもしれない。だから本問では，その逆の話を答えてね。"**です。

こう書く！

「オープンリゾルバを悪用した攻撃」の説明とくれば→**「送信元IPアドレスを偽装したDNS問合せを多数のDNSサーバに送る**ことによって，**攻撃対象のコンピュータに大量の応答を送る。」**（R04秋AP午前問36選択肢ウ）

3 **表 1（パスワードに対する主な攻撃）の内容**は下記等。

【項番 1：「[c]攻撃」】

「**ID を固定**して，**パスワードに可能性のある全ての文字を組み合わせて**ログインを試行する攻撃」

【項番 2：「逆[c]攻撃」】

「**パスワードを固定**して，**ID に可能性のある全ての文字を組み合わせて**ログインを試行する攻撃」

【項番 5：「[d]攻撃」】

「セキュリティ強度の低い Web サイト又は EC サイトから，**ID とパスワードが記録されたファイルを窃取して，解読した ID，パスワードのリストを作成**し，リストを用いて，ほかのサイトへのログインを試行する攻撃」

Q **表 1 中の[c]，[d]に入れる適切な字句を答えよ。**

(H31 春 AP 午後問 1 設問 2（1）)

A **【c】「ブルートフォース」または「総当たり」，【d】「パスワードリスト」**

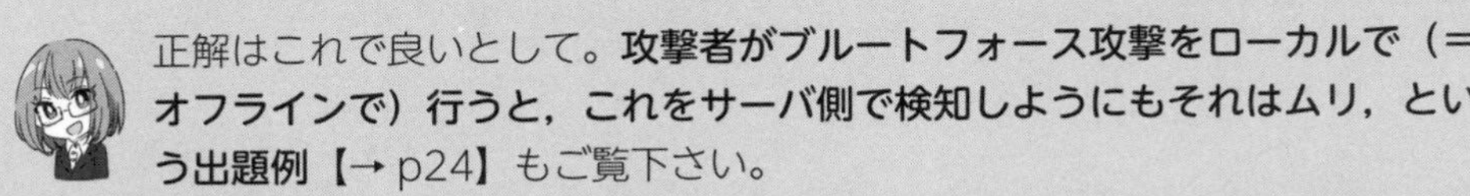

正解はこれで良いとして。**攻撃者がブルートフォース攻撃をローカルで（＝オフラインで）行うと，これをサーバ側で検知しようにもそれはムリ，という出題例【→ p24】**もご覧下さい。

本問の**項番 2 は，一般には“リバースブルートフォース攻撃”**と呼ばれます。リバースブルートフォース攻撃では，**一つの ID へのパスワード入力試行は，1 攻撃あたり 1 回など，ごく少ない回数で終わります。**この知識を次の設問 2（2）では問い，**「表 1 中の項番 1 の攻撃には有効であるが，項番 2 の攻撃には効果が期待できない対策を，“パスワード”という字句を用いて**（略）答えよ。」**の正解**として，**「パスワード入力試行回数の上限値の設定」**を書かせました。

こう書く！

「IMAPS」（R04 春 SC 午前Ⅱ問 16 選択肢イ）とくれば→「電子メールをスマートフォンで受信する際の**メールサーバとスマートフォンとの間の通信を，メール本文を含めて暗号化する**プロトコル」

4 C社が運用する**「販売管理システム」**での，表2（発見された脆弱性）中の**「脆弱性②」は，「総当たり攻撃によってシステム管理者の利用者IDとパスワードが発見される」**である。
C社のD氏が検討した**「脆弱性②」への対策**は，「パスワードの設定規則をより強固なものに変更するとともに，**総当たり攻撃への対策として**（ウ）販売管理システムのログイン処理に機能を追加する。」である。

Q **本文中の下線（ウ）について，追加する機能を40字以内で述べよ。**
（H24秋SM午後Ⅰ問4設問2（2））

A **「連続して利用者認証に失敗した場合に，該当する利用者IDをロックする機能（35字）」**

今回は**「総当たり攻撃への対策として」追加する機能**を聞かれているので，**主に“なりすまし”対策である“多要素認証”を答えてしまうとバツ**です。
そして本問の解答例ですが，**この機能を追加したらしたで，**“ある利用者IDについて，**わざと利用者認証を連続失敗することでアカウントをロックし，本来の利用者のログインを妨げる”攻撃ができてしまいます。**
なので私が答えるなら，**これの回避策を含めて，“連続して利用者認証に失敗した場合に，該当する利用者IDを一定期間ロックする機能（39字）”**と書きます。

こう書く！

「紙型，ICカード型又はサーバ型の**前払式支払手段（プリペイドカード，電子マネーなど）の発行者に対し，その発行業務に係る情報の漏えい，滅失又は毀損の防止措置を求める法律**」とくれば→**「資金決済法」**（R04秋AU午前Ⅱ問11選択肢ア）

5 本問の**「ST」は“Service Ticket”の略**で，Kerberos 認証の認証サーバから「アクセス対象のサーバごとに発行されるチケットである。**アクセス対象のサーバの管理者アカウント**（以下，**サーバ管理者アカウント**という）**のパスワードハッシュ値を鍵として暗号化**されている」。

………

Kerberos 認証に対する攻撃のうち，**「サーバ管理者アカウントのパスワードを解読して不正にログインする攻撃」**では，**「奪取された ST に対してサーバ管理者アカウントのパスワードの総当たり攻撃が行われ**，（略）この総当たり攻撃は，<u>③サーバ側でログイン連続失敗時のアカウントロックを有効にしていても対策になりません</u>」。

Q **本文中の下線③について，<u>対策にならない理由</u>を，35 字以内で述べよ。**

(R04 春 SC 午後Ⅱ問 2 設問 2（2))

A **「総当たり攻撃は<u>オフラインで行われ</u>，ログインに失敗しないから（29 字）」**

Kerberos 認証を行う場合，NTP 等による時刻同期が，ほぼ必須です。その話については【→ p47 解説】で触れています。

そして本問，解答例の意味は“**総当たり攻撃をオフラインで行うと，そもそもサーバにはログインしないから（35 字）**”。言葉を足すなら“**オフラインで ST への総当たり攻撃を行えば，そもそもサーバにログインしないため，連続失敗を検知することも無いから（55 字，字数オーバ）**”です。

本問の「ST」は，「パスワードハッシュ値を鍵として暗号化」したもの。ST の値を得た攻撃者は，ハッシュ関数を用いて，オフラインで「サーバ管理者アカウントのパスワードの総当たり攻撃」を行えます。**オフライン（＝ローカル）で勝手に行われることまで，サーバ側では検知できません。**

なお，下線③の対策は“ブルートフォース攻撃”向けのものです。**サーバ側で“ブルートフォース攻撃”を検知するには，下記などの前提も必要です。**

- サーバ側で“**ログインの試行**”**を把握できている。**
- サーバ側で“**連続失敗の回数**”**を数えている。**

本問のケースでは，そもそも“ログインの試行”を行っていません。

6 **M社は「インターネット通販用のWebサイト**（以下，**M社ECサイト**という）**を構築することになった」**。

次ページ，**「他組織のWebサイトやECサイト**（以下，**他サイト**という）**から流出した認証情報が悪用された場合は，M社ECサイトでは対処できない」**。

次ページ，M社のC主任が，**M社ECサイトの会員に求めることにしたルールは，**「・④会員が利用する他サイトとM社ECサイトでは，同一のパスワードを使い回さないこと」等。

Q **本文中の下線④について，パスワードの使い回しによってM社ECサイトで発生するリスクを，35字以内で述べよ。** (H31春AP午後問1設問4)

A 「他サイトから流出したパスワードによって，不正ログインされる。(30字)」

考える暇があったら"目grep"。本文中からパクれる言葉を見つけたら，ありがたく使わせてもらいましょう。

コピペのプロは少数派，だからこの合格率。

本問だと，下線④の前ページに書かれた「(以下，**他サイト**という）**から流出した認証情報が悪用された場合」という表現を使えば**…というか，**コピペ後に文末を"（…という）リスク"に変えて，"他サイトから流出した認証情報が，M社ECサイトで悪用されるリスク（32字）"**と書けば十分です。

補足

誤答例には文字数を添えていません。

- **"…（○○字）"は，加点が見込める書き方の例**
- **"…（○○字，字数オーバ）"は，文字数だけがネックの良文**

基子さんが示す文例は，上図のように見分けて下さい。

7 本問の**「R社サイト」は，R社の事業内容などを掲示するWebサイト。**

………

R社の「Tさんが調査した結果，**R社の権威DNSサーバ上の，R社のWebサーバの**（注：意味は“R社の**Webサーバがもつ IPv4 アドレスを示す**”）**Aレコードが別のサイトのIPアドレスに改ざんされている**ことが分かった」。「報告を受けたS部長は，（注：**R社の顧客である**）**①Y社のPCがR社の偽サイトに誘導され，マルウェアに感染した可能性が高い**と判断した」。
表1より，R社の「Webサーバ」のログの解析結果からは，「Y社のPCがマルウェア感染した時期に②R社サイトへのアクセスがほとんどなかった」。

Q **表1中の下線②で，R社サイトへのアクセスがほとんどなかった理由を20字以内で述べよ。** （R03春AP午後問1設問2（2））

A 「顧客がR社の偽サイトに誘導されたから（18字）」

解答例の意味は，“顧客がR社の偽サイトに誘導されていたから（20字）”。
もし私が出題者なら**“なにレコードが改ざんされたか。”**を出題して，**IPv4環境なら“A”レコード，IPv6環境なら“AAAA”レコード**と書かせます。

こう書く！

「SNTP」（R04春SC午前Ⅱ問19選択肢ウ）とくれば→「インターネットに接続されたPCの**時刻合わせ**に使用されるプロトコル」

8 E社がテレワーク実証実験で貸与する「**ノートPCについては，自由なWebアクセスを許可した場合**，マルウェアに感染するリスク，及び**利用者がVD**（注：ノートPCを端末とする**「仮想デスクトップ」**）**を利用中に**④マルウェアが社内情報を取得して持ち出すリスクが高くなる」。

Q 本文中の下線④について，マルウェアが社内情報を取得する方法を35字以内で具体的に述べよ。 （R02SC午後Ⅱ問2設問3（1））

A 「社内情報を表示した画面のスクリーンショットを取るという方法（29字）」

マルウェアがスクショを得てしまう，他の出題例は【→p29】を。

本文中の**「自由なWebアクセスを許可した場合」という表現から，“Webを見ているその間は，ノートPCが危険だらけのインターネットにつながっている”と連想できます。**

そして，**インターネットにつながるその間に“絵的にパクられ，外部に送信される”と思いつけば，本問は大勝利**です。

こう書く！

「送信元IPアドレスがA，送信元ポート番号が80/tcp，宛先IPアドレスが未使用のIPアドレス空間内のIPアドレスであるSYN/ACKパケットを大量に観測した場合，推定できる攻撃」とくれば→**「IPアドレスAを攻撃先とするサービス妨害攻撃」**（R04秋SC午前Ⅱ問5選択肢ア）

9 E社のテレワーク実証実験環境では，**仮想デスクトップ（VD）とその端末である「ノートPCとの間でクリップボード及びディスクの共有を禁止する**ように（注：VD基盤である）DaaS-Vを設定することにした。Gさんが設定してみたところ，**ノートPCからは，VDの閲覧，キーボード及びマウスによる操作，並びにマイク及びスピーカによる会話しかできなくなることが確認できた。しかし，**この設定であっても③利用者が故意に社内情報を持ち出すおそれがある。**これについては，簡単には技術的対策ができない**ので，利用規程で禁止することにした」。

Q **本文中の下線③について，ノートPCを介して持ち出す方法を30字以内で具体的に述べよ。** （R02SC 午後Ⅱ問2設問2）

A **「社内情報を表示した画面をカメラで撮影するという方法（25字）」**

下線③については「簡単には技術的対策ができないので，利用規程で禁止する」を言い換えると，“下線③を防ぐには，人間の良心やモラル，罰則に頼るしかない”ということ。これも本問の間接的なヒントです。

そして，上記ゆえに**本問，技術的な対策で防げる“スクリーンショットを得る”はバツ**です。

代わりに解答例の表現以外にも，**ベタでも確実に盗める手口**（例：画面を手で書き写す）**が書けていれば，広く加点された**と考えられます。

こう書く！

「OCSP」（R04秋AP午前問38選択肢ウ）とくれば→「**デジタル証明書が失効しているかどうかをオンラインで確認する**ためのプロトコル」

10 **PC上で作成・暗号化する「設計秘密」ファイルを扱うR社**では，検討したIRM（Information Rights Management）製品による「対策を全て採用した場合でも，③PCがマルウェアに感染してしまうと，設計秘密の内容を不正に取得されてしまう場合があることが分かった。そこで，マルウェア対策の強化も導入計画に盛り込んだ上で（略，注：IRM製品の）導入を進めることにした」。

Q **本文中の下線③について，どのような動作をするマルウェアに感染すると不正に取得されるか。不正取得時のマルウェアの動作を45字以内で具体的に述べよ。**

(R03秋SC午後Ⅰ問2設問3)

A **「利用者がファイルを開いたとき，画面をキャプチャし，攻撃者に送信する動作（35字）」**

他の“絵的にパクる”出題例は【→p27】を。

下線③で不正に取得されるものは，決して“設計秘密ファイル”ではありません。正しくは「設計秘密**の内容**」です。

「内容」さえ分かれば構わないので，**PC上で設計秘密ファイルを開いたその時の画面をキャプれば，攻撃者はその目的を達成できます。**

こう書く！

適切な「**DNSSEC**に関する記述」とくれば→「**デジタル署名によってDNS応答の正当性を確認**できる。」(R04秋AU午前Ⅱ問22選択肢エ)

11 本問の「ISAC（アイザック）」は“Information Sharing and Analysis Center”，「サイバーセキュリティ情報を共有し，サイバー攻撃への防御力を高める目的で活動する組織」。

………

ISAC から Z 社に提供された情報（図 2）によると，本問の C&C 通信は「HTTP 又は DNS プロトコルを使用する。**HTTP の場合**（略）**プロキシサーバ経由で C&C サーバと通信する。DNS プロトコルの場合，パブリック DNS サービス L を経由して通信する**」。

次ページの**調査結果（図 3）は下記**等。

- Z 社内の PC に感染した**マルウェアは，C&C サーバに割り当てられた「グローバル IP アドレス M への HTTP による通信を試みた**が，①当該通信は Z 社のネットワーク環境によって遮断されていた**ことが**（注：Z 社内の）**プロキシサーバのログに記録されていた。**」
- Z 社から「**パブリック DNS サービス L に対して DNS プロトコルによる通信が発生すれば，**（略，注：Z 社内の **FW の**）**ログに記録される。**当該ログを調査したところ，該当する通信がなかったことを確認した。」
- 「**ISAC から提供された情報を基に，**②情報持ち出し成功時に残る痕跡**を調査した**が，該当する痕跡は確認できなかった。」

Q **図 3 中の下線②について，情報持ち出しが成功した可能性が高いと Z 社が判断可能な痕跡は何か。該当する痕跡を二つ挙げ，それぞれ 30 字以内で述べよ。**

（R01 秋 SC 午後 I 問 2 設問 1（3））

A 【順不同】「グローバル IP アドレス M への HTTP 通信成功のログ（25 字）」「パブリック DNS サービス L への DNS 通信成功のログ（25 字）」

設問の意味は，**“Z 社から情報を持ち出された可能性が高いと判断できる場合の，ログ上の痕跡は何か。二つ挙げよ。”**です。

そして各解答例の文末，「…通信**成功のログ**」の意味は，共に“…通信**が成功した旨が分かるログ上の痕跡**（36 字，字数オーバ）”です。

ところで**本問，“C&C サーバにデータが送信された記録”と書くとバツ**です。こう答えた方は，**下線②の直前，「ISAC から提供された情報を基に,」という指示を読み飛ばしています。**ISAC からの情報を踏まえ，**図 2 に沿って答えることで，解答例の二つが得られます。**

12　**H君が調査したIDS（侵入検知システム）には，「不正なTCPコネクションを検知した場合に**，該当する通信を強制的に切断する目的で，送信元と宛先の双方のIPアドレス宛てに，**TCPのRSTフラグをオンにしたパケットを送る機能があった。**検知した不正パケットが**UDPの場合には，該当するパケットの送信元に，ICMPヘッダのコードにport**（注：**「unreachable」**（空欄オ））**を設定したパケットを送って，更なる攻撃の抑止を試みることができる。しかし**，H君は，②この ICMP を使った攻撃抑止のためのパケットが，実際は攻撃者に届かないことがあること，又は**このパケット自体が他のサイトへの攻撃となる**こともあると考えた」。

Q　**H君が，本文中の下線②のように考えたのはなぜか。35字以内で述べよ。**

（H27 秋 NW 午後Ⅰ問3設問2（3））

A　**「不正アクセスの送信元アドレスが偽装されている可能性があるから（30字）」**

TCPの場合，送信元IPアドレスを偽装したパケットで「不正なTCPコネクション」を試みようにも，最初のSYNパケットに対する返信が送信元に届かないため，**そもそも“3ウェイハンドシェイク”を行えません。**ですが**これがUDPなら，送信元IPアドレスを偽装したパケットでも，一方的に送り続けることができます。**

なお，H君が下線②の次に考えた「**このパケット自体が他のサイトへの攻撃となる**こともある」**とは，攻撃者がパケットにもたせる送信元IPアドレスの値を，実際に攻撃したい先のホストがもつ値に設定することで，エラーとして跳ね返るパケット**（本問だとICMP到達不能メッセージの一つ，“port unreachable”が設定されたパケット）**を攻撃先のホストに送り付ける行為**を指します。

こう書く！

「CRYPTREC（クリプトレック）の役割」とくれば→「電子政府での**利用を推奨する暗号技術の安全性を評価**，監視する。」（R04 春 SA 午前Ⅱ問19選択肢ウ）

13 本問の**「MSV3」はA社（a-sha.co.jp）内のメールサーバ**。また，**「B社」はA社の業務委託先。**

……….

A社のXさんの発言は，「①たとえB社のPCからMSV3へSMTPによるメール送信ができたとしても，MSV3は，a-sha.co.jpドメイン以外への宛先へは，そのメールを転送しない設定になっています。」等。

Q **本文中の下線①について，この設定がないことによって生じる情報セキュリティ上のリスクを，25字以内で答えよ。**

(H28秋NW午後Ⅰ問1設問2（1）)

A **「不正メールの踏み台にされてしまうリスク（19字）」**

「リスクを（略）答えよ。」なので，**文末の目標は“（…という悪い話の）リスク”に定めましょう。**

本問は，メールサーバに対して行うべき設定の一つ，**“第三者中継（Third-Party Relay）の禁止”**の知識問題。**本問の解答例の表現は，文末の「リスク」を消せば，“そもそもなぜ，第三者中継を禁止しておくのか？”と問われた時の良い文例**でもあります。

こう書く！

「HTTPレスポンスヘッダーに，**X-Frame-Optionsを設定**する。」（R04秋SC午前Ⅱ問11選択肢エ）とくれば→**「クリックジャッキング攻撃に有効な対策」**

2 **A社のオフィスでの，**表1中の**項番2（入退室管理について）が示す問題点は，「来訪者の執務エリア内などでの単独行動が散見される。」**である。
次ページのD氏の発言は，**「項番2の対策としては，来訪者を入室させる場合は，入室から退室まで担当者が付き添う**ようにします。**しかし，**（注：許可された社員だけが入れる，**最も警戒レベルの高い「第4ゾーン」内にある）サーバの保守作業など担当者が付き添えない場合もありますから，**サーバコンソールでの**操作内容のログ取得などの技術的対策のほかに，**②第4ゾーンでは，来訪者の行動を事後に確認できるようにします。」等。

Q **本文中の下線②について，具体的な対策内容を，25字以内で述べよ。**
（R03秋AP午後問1設問3（2））

A **「監視カメラを設置して来訪者の行動を記録する。（22字）」**

出題者がD氏に「技術的対策のほかに，」と言わせた意図は，受験者に，ITを駆使しない“人間くさい”やり方を答えてほしい，という願いからです。この出題者の誘導を無視して，**ITを駆使した対策を答えると，バツが確定**します。

ではその，**ITを駆使しない“人間くさい”やり方，とは？**

それは“管理策”と呼ばれます。規則を作って守らせる，入室時には守衛室でその入室目的を記帳させる，データ入力後の承認の権限は上司に与える【→p293】など，**ITを駆使しない策は大抵“管理策”です。**本問では，“後で確認できるよう監視カメラで録画しておき，コトが起きたら早戻しをして目視で判断する。”という策で対処しました。

こう書く！

「コードサイニング証明書」（R03秋AU午前Ⅱ問17選択肢ウ）とくれば→「ディジタル署名のあるソフトウェアをインストールするときに，その**ソフトウェアの発行元を確認するために使用する証明書**」

3 F社は，**EV（電気自動車）専用のカーシェアリング運営システム**を開発することになった。F社のG氏が考えた構成は「**・各駐車ステーションには，充電スタンドを設置**し，複数のEVを配備できる。」等。

次ページ，G氏がまとめた**「充電スタンドの機能」**は下記等。

・「**駐車中のEVは充電ケーブルと接続**され，充電ケーブルは取り外せないようにロックされている。」

・「**充電ケーブルを介して，EVと定期的に通信**し，バッテリ残量を読み取り，（注：管理センタ側の）サーバに送信する。」

Q **EVの盗難を監視するために，利用開始時の手続を無視して充電ケーブルがEVから切り離されたことを，充電スタンドの機能を用いて検知したい。検知に利用できる充電スタンドの機能は何か。また，その検知方法を，20字以内で述べよ。**

（H24秋SA午後Ⅰ問4設問4（2））

A **【機能】「EVとの定期的な通信（10字）」，【方法】「通信が途絶えたことを検知する。（15字）」**

機器がダウンする際，そのダウンする旨の送信が監視側に届くとは限りません。本問だと**【方法】側の答に“切り離された旨をEVが送信する。”と書いても，それはバツ**です。そもそも切り離されているので届きません。

AP試験［午前］の死活監視の出題では，サーバ等を複数台使った**「ホットスタンバイシステムにおいて，現用系に障害が発生して待機系に切り替わる契機**（R04春AP午前問13)」**の正解**として，「ア 現用系から待機系へ定期的に送信され，**現用系が動作中であることを示すメッセージが途切れたとき**」を選ばせました。

便りが無いのは“死んでる”証拠。

このやり方なら，ダウンする旨を送信できなくても待機系（＝監視する側）で検知ができます。むしろ**現用系が送信しないからこそ，待機系では検知ができます。**

この考え方を利用したのが，本問の【方法】側の解答例，**「通信が途絶えたことを検知する。」**です。

4 本問の「**複合機**」は「**プリンタ，ファックス，コピー，文書保存などの機能をもつ装置**」，「**NPC**」は全社員に貸与される「**ノート PC**」。

………

A 社のオフィスでの，表 1 中の項番 3（複合機の運用について）が示す問題点は，「**個人データが印刷された書類が複合機に放置されている**ことがある。」である。
次ページの D 氏の発言は，**複合機本体に「IC カードリーダを装備して，オンデマンド印刷機能を利用する**ことを推奨します。③オンデマンド印刷機能を利用すると，**NPC から印刷指示した文書の用紙への印刷は，社員カードを複合機の IC カードリーダにかざして認証を受けた後に行われる**ことになります。」等。

Q **本文中の下線③の機能が，表 1 中の項番 3 の問題を低減させる対策になる理由を，30 字以内で述べよ。** (R03 秋 AP 午後問 1 設問 3 (3))

A **「複合機の側に行かないと用紙への印刷ができないから（24 字）」**

解答例と大筋で合っていればマルです。

LAN につながるプリンタが遠い時など，PC からの印刷後に紙を取り忘れることもあります。**この “ 取り忘れ ” を減らそう，というのが本問**です。

なお，**書類の放置への “ 管理策 ”【→ p43】を問われたら，答には例えば “ 信用できる担当者に定期的に回収させる。” が考えられます。**

取り忘れた紙が複合機のトレーに積もると，1 部ぐらい無くなってもウヤムヤになります。そういえば本問と同じ理由から，PC への印刷指示で IC カードを置いて，隣のプリンタにも IC カードを置いて，という **IC カードを隣に置き直すだけのシステムを知ってる**んですけど……これはこれで，どうなんでしょうね。

こう書く！

「インターネットバンキングの利用時に被害をもたらす **MITB（Man-in-the-Browser）攻撃に有効なインターネットバンクでの対策**」とくれば→「インターネットバンキングでの送金時に利用者が入力した情報と，金融機関が受信した情報とに差異がないことを検証できるよう，**トランザクション署名**を利用する。」(R04 春 SC 午前Ⅱ問 11 選択肢イ)

パターン6 「NTP 入れと」系

ただの時計合わせだけではない，**NTP/SNTP を使う“情報セキュリティ面の”意義は，とくれば“ログ上に示される時刻を正しく保つため”。**複数の機器をまたいでログを照合する場合や，ログを証拠として使いたい時に，精確な時刻情報は欠かせません。

1 **T 社内のプロキシサーバは「通信した内容をログに記録している。**業務サーバ，ファイルサーバ，FW などの機器も，ログインや操作履歴をログに記録しているので，**プロキシサーバだけでなく他の機器のログも併せて検査する。**③ログ検査では，複数の機器のログに記録された事象の関連性も含めて調査することから，DMZ に NTP（Network Time Protocol）サーバを新規に導入し，**ログ検査を行う機器で NTP クライアントを稼働させる」。**

Q **本文中の下線③について，NTP を稼働させなかったときに発生するおそれがある問題を，35 字以内で述べよ。** (H29 春 AP 午後問 1 設問 4（1))

A **「各機器のログに記録された事象の時系列の把握が困難になる。（28 字）」**

各機器の内蔵時計がズレると，各機器のログ上の時刻もズレます。ズレてしまうと，複数の機器のログをまたいだ調査ではログ間の時刻の補正も必要となり，また，法的な係争での証拠としての力も弱まる気がします。

そして，**次に“ログ間の不整合”を出すなら，各機器に設定されたタイムゾーンの食い違いによる不整合。**JST（日本標準時）の時刻は，UTC（協定世界時）よりも 9 時間進んだ“+0900（JST）”です。

補足

私，裁判員をやったこともあります。

防犯カメラに記録された時刻のズレも，よくある話です。その時刻を補正した上で，裁判の証拠として採用することも多いようです。

ですが，時刻がズレてしまった記録を証拠として採用してくれるかは，当該訴訟事件を担当する判事さん（場合によっては裁判員）が，その都度判断すること。

法的な係争を持ち込む側としては，時刻はピッチリ合わせておきたいものです。

2 C 社が運用する**「販売管理システム」の各サーバでは，「ログを取得している」**。
次ページ，**各サーバの時刻が「FW の時刻と異なる場合は，手動で時刻を補正しているが，時刻が大きくずれていることも多い」**。
1.8 ページ略，**外部監査人による指摘**は，「② 販売管理システムのログを分析し，特権 ID を使用した操作の正当性を確認する際に，**ログの分析に支障を来すおそれがある。**」等。C 社の「**D 氏は，②の対策として，NTP サーバの導入を**（注：情報システム部の）J 部長に**提案し，了承を得た**」。

Q **D 氏が，NTP サーバの導入を提案した理由を 40 字以内で述べよ。**
（H24 秋 SM 午後Ⅰ問 4 設問 3（2））

A **「全サーバの時刻が一致していないと，取得したログの分析に支障があるから（34 字）」**

“D 氏はそういう役目の人だから” は絶対バツ。
関連出題は【→ p46】。**こんな場合の答え方は，“ログの突合（とつごう）” が面倒になるから” だと相場が決まっています。**

いわゆる ISMS,『JIS Q 27002』の「12.4.4 クロックの同期」でも，「**コンピュータ内のクロックの正しい設定は，監査ログの正確さを確実にするために重要である。**監査ログは，調査のために又は法令若しくは懲戒が関わる場合の証拠として必要となる場合がある。」と述べています。

他にも，機器間で時刻がズレると Kerberos 認証の「ST」【→ p24】の検証でも不具合が生じます。過去の出題では，「TGT と **ST には，有効期限が設定されている。**<u>(c) PC とサーバ間で，有効期限が正しく判断できていない場合は，有効期限内でも，PC が提示した ST を，サーバが使用不可と判断する可能性があるので，PC とサーバでの対応が必要である。</u>」**への対応策**（R04 春 NW 午後Ⅰ問 3 設問 2（3））**として，「PC とサーバ間で時刻同期を行う。」を答えさせた**例があります。

引用：『JIS Q 27002：2014（ISO/IEC 27002：2013）情報技術－セキュリティ技術－情報セキュリティ管理策の実践のための規範』（日本規格協会 [2014]p46）

3 表 1 より，**R 社内の「パッチ配信サーバ」は**「OS と **PDF 閲覧ソフトの脆弱性修正プログラムを社内 PC に配信し」，ログとして「各 PC の脆弱性修正プログラム適用結果」等を取得する。**
9.1 ページ略，**「Q 社の Web サイト内の 1 ページ**（以下，**N ページ**という）**」の分析で分かったこと**は下記等。
・**「N ページを Web ブラウザで開くと，**Q 社のドメイン外のサイトから（注：**PDF 閲覧ソフトの脆弱性を突く「マルウェア L」を含んだ）PDF ファイルをダウンロードして，PDF 閲覧ソフトで開く。」**
R 社の V 課長が進言した**対応策は，プロキシサーバのアクセスログから「Q 社の Web サイトを閲覧した社内 PC を洗い出し，**それらの PC について，（注：**「プロキシサーバ」**（空欄 a)）**のログと**（注：**「パッチ配信サーバ」**（空欄 f)）**のログを突き合わせ，**<u>⑤マルウェア L に感染する可能性があったかどうか判断する</u>。」等。

Q **本文中の下線⑤について，<u>どのような場合</u>に感染の可能性があったと判断するか。55 字以内で具体的に述べよ。** （H29 春 SC 午後Ⅱ問 1 設問 5（3））

A **「PDF 閲覧ソフトの脆弱性修正プログラムを<u>適用する以前に</u>，Q 社の Web サイトを閲覧した場合（44 字）」**

本問の大前提として，各サーバの時計が合っていることも必要です。**NTP や SNTP（Simple Network Time Protocol）を採用しておかないと，ログの突合（とつごう）に支障が出る，**という線で答えさせる出題例【→ p46】もご覧下さい。

本問，**「プロキシサーバ」**のアクセスログを使えば，**<u>どの社内 PC が</u>，<u>いつ</u>，「N ページ」を<u>見に行ったか</u>**が分かります。

また，**「パッチ配信サーバ」**のログを使えば，**社内 PC に「PDF 閲覧ソフトの脆弱性修正プログラム」が<u>適用されたか</u>や，<u>いつ適用されたのか</u>**が分かります。

ということは，時刻つながりで「プロキシサーバ」と「パッチ配信サーバ」のログを突合すれば，**“ある社内 PC に「PDF 閲覧ソフトの脆弱性修正プログラム」が適用される，その前か後に「N ページ」を見に行ったか？”**が分かります。

もし，「脆弱性修正プログラム」適用前の時刻に「N ページ」を見ていたのなら，「感染の可能性があったと判断」できます。

パターン7 「プライバシ保護」系

プライバシ保護関連の出題を集めました。正直，答の暗記だけで本パターンを乗り切るのは困難です。このため**本パターンは，本文中からヒントを適切に拾って答える練習用**だと割り切ってお読み下さい。

1 **飲料用自動販売機メーカE社**のJ氏がまとめた，**新機能の一つである「お勧め商品紹介機能」の実現方法**は下記等。

- 「カメラの画像から年齢，性別を判断する。」
- 「**個人を識別できる画像情報**及び過去に購入した商品情報**をサーバに保存**し，カメラの画像から利用者を識別し，過去に購入した商品に関連した新商品を（注：自動販売機に表示し）紹介する。」

Q **個人情報保護の面で問題となり得る新機能を答えよ。**

（H24秋ST午後Ⅰ問4設問2（1））

A **「お勧め商品紹介機能」（注：字数制限なしの出題）**

実現方法のうち**ひとつ目は，個人を識別できるとは言えないためセーフ。**
　ふたつ目は，「個人を識別できる画像情報」を「サーバに保存」している点が引っ掛かります。

こう書く！

「PKI（公開鍵基盤）を構成する**RA（Registration Authority）の役割**」とくれば
→「**本人確認**を行い，**デジタル証明書の発行申請の承認又は却下**を行う。」（R04秋SC午前Ⅱ問2選択肢エ）

2 **「ヘルスケア機器の製造販売を手掛ける」C社は**「このたび，従来の製品である，**歩数や心拍数などを測定する活動量計を改良して，クラウドを利用した新しいサービス**（以下，**新サービス**という）**を開発する**ことになった」。

次ページ，**新サービスでは「個人のヘルスケアデータという機微な情報を取り扱うので，情報の漏えい**や盗聴**を防ぐ対策も重要**である」。

表1（新サービスの非機能要件）中の大項目「セキュリティ」のメトリクスは，**「クラウド上のWebサービスでの利用者の認証には，IDとパスワードによるログインに加えて**，<u>①ショートメッセージサービスや電子メールからの確認コードによる認証</u>も用いる。」等。

Q **表1中の<u>下線①にある認証を加える目的は何か。新サービスの特徴に着目し</u>，20字以内で述べよ。** （R02AP 午後問4 設問1（4））

A 「機微な情報の漏えいを防ぐため（14字）」

これもポイント。［午前］の試験を含む**IPAの試験では，セキュリティに関する要件は「非機能要件」**に分類【→ p276『非機能要求グレード』】されます。

本問，**「IDとパスワード」だけの認証に下線①を足すことで，“多要素認証(MFA)”を名乗れます**。ですが，**こうして認証を強化する目的として単に“セキュリティを強化したいから”や“多要素認証にしたいから”だけを答えても，これらの表現だと「新サービスの特徴に着目」が足りないため，バツ**です。

C社の「新サービス」では，おそらく**年齢，性別，体重，血圧，体温，脈拍とその特徴などのデータが，クラウド上に貯まります。こんなデータが漏れてしまうと，寝起きや通勤通学の時刻，月経の周期や妊娠の気配，高血圧や心臓病とか，そういうちょっと知られたくない（＝機微な）情報を推理されてしまいます。**

そのリスクを下げるための，認証の強化です。

3 **D社は，スマートホームを構成する「Sデバイス」を開発する。**「Sデバイスは，Sライト，Sテレビ，Sドアロックのように**それぞれの機能名の先頭がSで始まる**」。
10.5ページ略，「**プライバシー保護を考慮するとともに，子供の利用者が安心・安全に留守番できるための機能を実現するために，スマートホームにSカメラとSホームサーバを追加**し，防犯モードに留守番モードを追加する」。
次ページの表4より，**追加する各機器の概要**は下記等。

【Sカメラ】

・「不在モード及び留守番モードでは，**撮影した画像をSホームサーバだけに送信する。**」

【Sホームサーバ】

・スマートホーム内の「1階に設置されたサーバであり，**Sカメラで撮影した画像及び防犯画像を保存する。**」
・「Sカメラで撮影した画像及び防犯画像を画像解析して，**子供の利用者の画像認証を行う。**」

Q **新たに追加したSホームサーバで子供の利用者の画像認証を行うようにしている。その利点をプライバシー保護の観点から，55字以内で述べよ。**

(R02ES 午後Ⅱ問1設問3（1))

A **「子供の利用者を撮影した画像はスマートホームの内部ネットワークだけにとどめておくことができる。(46字)」**

解答例の意味は，**“子供の利用者を撮影した画像を，外部のネットワークに流すことなく，スマートホーム内にとどめておくことができる。(54字)”**です。

本問の答を補強する表現として，問題冊子には，**帰宅してきた子供によって「Sドアホン子機のボタンが押されると，**（注：Sドアホン子機の**カメラが撮影する**）**防犯画像は提携サービスには送信されず，Sホームサーバだけに送信され**，防犯画像からSホームサーバによる**子供の利用者の画像認証を行う。**」という記述も見られました。

ちなみに本問の「Sデバイス」，**音声認識の「起動キーワード**には，**“OK，Sデバイス”**などがあり」だそうで，なんか既視感もあります。

4 **印刷会社 B 社は「写真事業」「研究開発部門」等を有する。**「研究開発部門では，ディープラーニングの**顔認識技術を研究しており**，写真事業に関連する領域では，**写真に写っている“顔の識別”**や“表情の分析”**を行う機能を開発した。**また（略）**写真の一部に対して自動でぼかしをいれる機能も開発した**」。
2.2 ページ略，C 中学校の「学校の担当者からは，**保護者から“自分の子供の顔が写っている写真を，他の保護者に購入されたくない”という要望が出た場合の対応方法**も検討してほしいとの依頼を受けた」。**B 社は，「複数の生徒が 1 枚の写真に写り込んでいる場合には，B 社の技術を生かした対応を行うことができるようにした」。**

Q **学校の担当者の依頼に対応するために，B 社が実装できる機能は何か。30 字以内で述べよ。** (R03 春 ST 午後 I 問 3 設問 3（1）)

A **「指定した子供の顔に自動でぼかしを入れる機能（21 字）」**

スマホとかで**“顔隠し”加工**をしたことがある人には有利でした。
　本問，B 社が開発した**「写真に写っている“顔の識別”」機能を使えば，写っているのが誰かを識別できます。**また B 社には，**「写真の一部に対して自動でぼかしをいれる機能」**の技術もあります。
　そして本問では，保護者からの「**“自分の子供の顔が写っている写真を，他の保護者に購入されたくない”**という要望」も考慮します。**この要望を**“「自分の子供の顔が写っている写真」は買われたくないけど，**自分の子供の顔にぼかしが入った写真なら，他人に買われても，まあいいか。”だと（都合よく）とらえると，これなら B 社がもつ技術（機能）で実現できます。**

こう書く！

「**量子暗号**の特徴」とくれば→「**量子通信路を用いて安全に共有した乱数列を使い捨ての暗号鍵として用いる**ことによって，原理的に第三者に解読されない秘匿通信が実現できる。」（R04 春 SC 午前Ⅱ問 6 選択肢エ）

5 **K社は「移動作業型の**（略）**生活支援ロボットシステム**（以下，**新システム**という）**を開発することにした」**。
次ページ，K社のL氏が定めた**「新システムの開発目標」**は下記等。
・「**インターネットを介して，遠隔操縦できる**ようにする。」
・「事前に連絡があった**配達物を，受け取れる**ようにする。」
1.8ページ略，L氏が検討・整理した「新システムの追加機能」は，**モバイル端末を用いた「遠隔操縦時には**，セキュリティの観点から操縦要求者の顔認証をサーバで行う。また，**操縦中も1分ごとに顔認証を行う。**」等。

Q **遠隔操縦中に，1分ごとに顔認証を行う理由は何か。40字以内で述べよ。**
（H28秋SA午後I問4設問1（2））

A **「遠隔操縦者がモバイル端末から離れたときに，他人に操縦されることを防ぎたいから（38字）」**

大事な配達物を，知らない人の操縦で受け取られたくはないです。本問，そこに気づけば大勝利。

ですがこれ，**真正な人の顔写真のお面をつけたら突破できる**気も。ですが試験会場では**“正論”書くな“正解”書け**【→p303】。**迷ったら，本文中から読み取れる話を優先させて下さい。**

あと，遠隔操縦とはちょっと違いますが，**音声認識で操作できるエアコンは家の外から大声でオンオフされそう**で（対応機種かは室外機の型番から推測できる）怖いかもしれません。そこまでしなくても，**買ってきたリモコンで窓の外から操作できそう**です。

参考：『電気用品の技術上の基準を定める省令の解釈について』（経済産業省 [2013]〈別表第八〉p2-4）

パターン8 「マルウェア対策」系

マルウェアへの感染を防ぐ策について，その知識問題を集めました。特にランサムウェア対策の出題（本パターン5～7問目）では，実務的な答え方も求められましたので，是非その解答例も含めて覚えて下さい。

1 **H社では**，「インターネットに接続して販売元Webサイトからダウンロードして利用する手順になっている**業務用ソフトウェアを，誤って別のWebサイトに接続してダウンロードし，マルウェアに感染してしまった**事例が確認された」。
1.6ページ略，情報システム部のQ氏が**整備した手順は**，「指定したソフトウェアの版を確実に使うために，（略，注：**事前に情報システム部がダウンロードした上で**）**当該ソフトウェアを**（エ）社内に設置されているファイルサーバ**からPCに導入し，利用する。**」等。

Q **情報システム部は，配付用の写しを，本文中の下線（エ）のファイルサーバに準備した。指定したソフトウェアの版を確実に使うこと以外に考えられる，ファイルサーバを準備した目的を，40字以内で述べよ。**

(H27秋SM午後Ⅰ問1設問3（2))

A **【内一つ】「インターネット接続する場合に起きる可能性のあるマルウェアの侵入を防ぐため（36字）」「インターネット接続する場合にフィッシングサイトに誘導されるリスクを減らすため（38字）」**

二つの解答例のうち，**出題者が初期に想定した答は前者**だと思います。**後者は**，後になって“そう答えられた時に**バツを付ける理由が思いつかない。**”という理由で追加されたようです。なので，**答を覚えるなら前者です。**

その**後者について。**社員への指示として，例えば“PDFが開けるやつを入れといてね。”だけを伝えると，**軽く検索して“一番上に出てきたサイトだから”という理由でそのサイトを信じてマルウェアをダウンロードしてしまい，ヤラレる**ことがあります。

その**一番上のサイト，不正なSEOや，ただの広告枠**かもしれません。

2 **P社内の「PCはケーブル配線で社内LANに接続**され」る。

次ページ，**P社のZさんが，不審なメールの「添付ファイルを展開して実行してしまっていた**ことが分かった。**Yさんは，Zさんが使用していたPC**（以下，**被疑PC**という）**のケーブルを**①ネットワークから切り離し，（略）Q社に調査を依頼した」。

Q **本文中の下線①で，Yさんが被疑PCをネットワークから切り離した目的を20字以内で述べよ。** （R01秋AP午後問1設問1（1））

A **「社内の他の機器と通信させないため（16字）」**

この解答例の意味は，“社内の他の機器と通信することによる**感染拡大を防ぐため**（26字，字数オーバ）”。**答の軸に“感染拡大を防ぐため”を据えた表現も，広く加点された**と考えられます。

こう書く！

「SAML」（R04秋SC午前Ⅱ問3選択肢ア）とくれば→「標準化団体OASISが，Webサイトなどを運営するオンラインビジネスパートナー間で**認証，属性及び認可の情報を安全に交換する**ために策定したもの」

3 **A社での問題点は，「（い）PC利用者から**（注：**「システム部運用グループ」へ）のマルウェア感染の申告をきっかけにして，調査及び対処に着手しているが，**（注：これだと）マルウェア感染の影響を最小限にするためには，**遅過ぎること**」等。この**「問題点（い）について」**P氏らは，「サーバ用及びPC用の③ウイルス対策集中管理ソフトをインストールしたウイルス対策管理サーバの導入を提案することにした」。

Q **本文中の下線③について，調査及び対処の着手の早期化を期待してウイルス対策集中管理ソフトを導入する場合，A社がウイルス対策集中管理ソフトに求める機能はどのようなものか。40字以内で述べよ。**

（H29春SC午後Ⅱ問2設問3（2））

A 「サーバ及びPCでのウイルス検出結果をシステム部運用グループに通知する機能（36字）」

この手のソフトは普通，検出結果の通知もしてくれます。この解答例，**あたりまえのことを言っているだけ**な気もしますが，どう考えましょうか。

実は解答例に見られる**「通知する」の意味，そして解答例が本当に言いたいことは，こうです。**

“「システム部運用グループ」では，いち早くインシデントを把握したい。**いつ届くか分からない利用者からの申告を待つよりも，システム側から自動的に（＝プッシュ型で）通知してくれる方が，早く把握できて好都合**だ。”

…なのでこの解答例，丁寧に書くなら，**“サーバやPCでのウイルス検出結果を，管理者側へとプッシュ型で即時通知する機能（38字）”**です。

こう書く！

適切な「認証局が発行する**CRL**に関する記述」とくれば→「CRLには，**有効期限内のデジタル証明書のうち失効したデジタル証明書のシリアル番号と失効した日時の対応**が提示される。」（R04秋PM午前Ⅱ問23選択肢イ）

4 M社のK氏は，不審なファイルが添付された「**標的型攻撃メールが届いた全ての社員に対して，次の内容を直ちに指示した**」。

・「社員が**添付ファイルを開封していた場合，開封操作を行った機器をLANから切り離す**。その後，指示に従って不正プログラムの確認をすること。」
・「社員が**添付ファイルを開封していない場合，**［　b　］**をする**こと。」

Q **本文中の［　b　］で指示すべき事項を，20字以内で答えよ。**

(H28秋SM午後Ⅰ問3設問2（2))

A **「標的型攻撃メールの削除（11字）」**

電子メールに添付されたファイルが，実行ファイルでもマクロウイルスでも。**そのファイルがMIME（BASE64）でエンコードされたままなら，ひとまず悪さをしません**。マルウェアの調査目的でもないなら，**そのまま捨てましょう。**

なお，**添付ファイルをメーラー上で自動的にプレビューさせる設定だった場合は，そのプレビュー画面を作るために，（内部的には）添付ファイルのデコードと読込みが行われます**。このタイミングでマルウェアを目覚めさせる可能性があるため，**添付ファイルのプレビュー機能はオフにしておく**のが無難です。

こう書く！

適切な「**TLS**に関する記述」とくれば→「TLSで使用する**個人認証用のデジタル証明書は，ICカードにも格納することができ**，利用するPCを特定のPCに限定する必要はない。」(R04春SC午前Ⅱ問15選択肢ウ)

5 **J社では，ファイルサーバを含む「サーバ上のファイルは，社内LAN上の共有ディスク装置に定期的にバックアップされている」。**
2.6ページ略，**マルウェア（ランサムウェア）感染の被害を最小限にとどめる対策**を検討した「S主任は，**PC上のユーザ作成ファイルは当該PCには保存せず，ファイルサーバに保存する**よう情報セキュリティ規程を改定し，さらに②ファイルサーバ上のファイルのバックアップについても，マルウェアに感染した場合に備えた対策を講じるための検討に着手した」。

Q **バックアップに用いる共有ディスク装置の運用方法について，マルウェアの感染に備えた対策を，30字以内で述べよ。** （H30春AP午後問1設問4（2））

A **【内一つ】「バックアップ時以外は社内LANから切り離す。（22字）」「バックアップの時だけ共有ディスク装置を接続する。（24字）」**

ランサムウェアへの対策を下図のように分けた場合，**解答例の策は，主に①側についてのもの**です。

①ランサムウェアによる**感染・暗号化を，未然に防ぐ**策
②ランサムウェアに**ヤラレたファイルを，事後に確実に復旧させる**策

上図②側の策の一つに，**書込みが1回だけ可能な“WORM（Write Once Read Many）”型のメディアへの保存**があります。これを答えさせた出題例は【→p59】。身近な例だと，**DVD-RやBD-R等へのバックアップ後，ディスクに対して以降の改変を禁じる（ファイナライズやクローズ処理）という策**がそうです。
ですが本問は「運用方法」，つまり“運用でカバー”の話を聞かれているので，技術的な策である“WORM”を軸に答えてしまうと今回はバツです。

6 表１より，**B社の「生産システム」では**「週次バッチ処理の最終工程で，DBサーバ（正）の生産DBの**データを九州工場の**（注：**「業務LAN」上の**）**バックアップサーバにフルバックアップする」**。オンライン処理実行中は**1日3回（0:00, 8:00, 16:00）「データ更新ログを対象としてバックアップサーバにコピーする」**。
3.6ページ略，**表3中の問題点，九州工場の「バックアップサーバがマルウェアに感染すると，バックアップのデータが利用できなくなる。」への対策案は，**「［ d ］」である。

Q **表3の［ d ］には，バックアップサーバのデータが利用できなくなる事態を想定した対策が入る。対策の内容を50字以内で述べよ。**

（R03春SM午後Ⅰ問2設問2（3））

A **【内一つ】「バックアップを外部記憶媒体に複写し，業務LANからアクセスできない場所に保管する。（41字）」「週次バッチ処理及び定期バッチ処理でバックアップをライトワンス光ディスクに複写する。（41字）」**

解答例中の**「ライトワンス光ディスク」は，【→p58】**に説明がある**"WORM（Write Once Read Many）"型のメディアのこと**です。

二つある解答例の答の軸は，それぞれ，前者が"オフラインにしておく"，後者が"WORMに書き出しておく"。皆様が書いた答から，**これらの要点の，どちらかでも読み取れたら加点された**と考えて下さい。

こう書く！

「無線LANのアクセスポイントがもつ**プライバシーセパレータ機能（アクセスポイントアイソレーション）**の説明」とくれば→**「同じアクセスポイントに無線で接続している機器同士の通信を禁止する。」**（R04秋SC午前Ⅱ問17選択肢イ）

7 図 1 より，**B 社の関東工場の「業務 LAN」上には「生産サーバ（正)」「DB サーバ（正)」**等がある。この**「業務 LAN」は IP-VPN によって九州工場にも延長され，九州工場の「業務 LAN」上には「バックアップサーバ」**がある。
九州工場では「業務 LAN」から「保守 LAN」へは「LAN 切替スイッチ」経由で接続し，**「保守 LAN」上には「生産サーバ（副)」「DB サーバ（副)」**等がある。
次ページの表 1 より，**B 社の「生産システム」では**「週次バッチ処理の最終工程で，**DB サーバ（正）の生産 DB のデータを九州工場のバックアップサーバにフルバックアップする」**。オンライン処理実行中は **1 日 3 回（0:00, 8:00, 16:00）「データ更新ログを対象としてバックアップサーバにコピーする」**。
九州工場の「保守 LAN に接続されている生産サーバ（副）及び DB サーバ（副)（以下，これらを**副サーバ群**という）**は，**土曜日の日中を除いて **LAN 切替スイッチによって業務 LAN から切り離されており**（略)」。
2.7 ページ略，**表 2 中の，関東工場で起きたランサムウェアによる「今回インシデント」からの復旧計画**は，「生産サーバ（正）及び DB サーバ（正）の**代替機として，**(ア）副サーバ群を起動する。」等。

Q **表 2 中の下線（ア）について，今回インシデントの対応として，副サーバ群を使って生産システムを稼働できる理由を 40 字以内で答えよ。ただし，最新の OS パッチが副サーバ群に適用されていることは除く。**

(R03 春 SM 午後 I 問 2 設問 1（1))

A 「業務 LAN に接続していない副サーバ群は，ランサムウェアに感染していないから。(38 字)」

設問の**「今回インシデントの対応として**（略）**答えよ。」の意味は，“今回，関東工場はランサムウェアにヤラレた。だけど九州工場の副サーバ群は使える。こっちが使えるのはなぜか？”**です。この疑問に答える必要があります。

そのため**設問の指示から外れた表現，例えば“九州工場には，適切にデータがバックアップされた「バックアップサーバ」もあるから。”はバツ**です。B 社内の正しい描写ではあっても，**本問においてはバツ**です。

なお，引用を省いた図 2 によると，**九州工場の「副サーバ群」は，OS パッチの動作確認にも用います。**設問の**「ただし，最新の OS パッチが副サーバ群に適用されていることは除く。」**という表現は，**別解として“副サーバ群には最新のパッチが適用済みだから。”が生じないように，という出題者からの配慮**でした。

8 Q 社では，「マルウェア定義ファイルは（略）自動で V 社のマルウェア定義ファイル配布サイト（以下，V 社配布サイトという）に HTTPS で接続し，更新している。PC の利用者及びサーバの管理者は，マルウェア対策ソフトの画面の操作によってマルウェア定義ファイルを手動で更新することもできる。さらに，別の PC を用いてマルウェア定義ファイルを V 社配布サイトから手動でダウンロードし，そのファイルを保存した DVD-R を用いて更新することもできる」。
次ページ，G さんの PC（PC-G）に「マルウェア感染のおそれがあるという報告を受けた D 主任は，PC-G で［ a ］という方法を使って［ b ］をした後に，フルスキャンを実施するよう（略）指示した。さらに，（注：後述する）図 2 に示すマルウェアへの対処を Q 社全体に指示することにした」。
図 2（マルウェアへの対処）中の記述は，「(1) マルウェア対策ソフトによる対処について」が，全従業員に「貸与している PC で，［ c ］という方法を使って［ b ］をした後，フルスキャンを実施する。」である。

Q 本文中の［ a ］に入れる適切な方法を 35 字以内で，本文及び図 2 中の［ b ］に入れる適切な対応を 20 字以内で，図 2 中の［ c ］に入れる適切な方法を 25 字以内でそれぞれ述べよ。

（R03 秋 SC 午後 I 問 3 設問 1（3））

A 【a】「最新のマルウェア定義ファイルを保存した DVD-R の使用（27 字）」，【b】「マルウェア定義ファイルの更新（14 字）」，【c】「マルウェア対策ソフトの画面の操作（16 字）」

この手の対処の定石として，社内の PC に「マルウェア感染のおそれがある」と分かった時点で，その PC は社内のネットワークから切り離します。

切り離された PC は，つまりはオフラインなので，空欄 a を“V 社配布サイトに（社内のネットワーク経由で）接続し，更新する。”と書くとバツです。

…というと，他に可能な入手・更新方法は，正常な「別の PC を用いてマルウェア定義ファイルを V 社配布サイトから手動でダウンロードし，そのファイルを保存した DVD-R を用いて更新する」というやり方です。

この方法で「マルウェア定義ファイル（略）を保存した DVD-R」を作れたら，次に行うこと（空欄 b）は，その DVD-R を使った手動更新です。そして，どんな方法で手動更新するのか（空欄 c）というと，本文によると「マルウェア対策ソフトの画面の操作によって」です。

パターン9 「認証」系

本パターンでは特に，証明書と絡めた出題に注意。**クライアントの機器を認証したい，とくれば“クライアント証明書を導入”**。その狙いは，とくれば“機器のなりすまし防止”です。

1 本問の IRM（Information Rights Management）製品への，「**利用者 ID とパスワードによる認証だけでは，推測が容易なパスワードを利用者が設定してしまうと**，長さが 10 字であったとしても（注：**「辞書」**（空欄 e））**攻撃に対して脆弱となるので，［ f ］への変更が可能か検討する**ことにした」。
同ページの**表 3 中**，「グループ管理者及び IRM 管理者への**なりすまし」というリスクへの対策は，「・［ f ］への変更」**と「・ログイン及びその試行の監視」。

Q 本文中及び表 3 中の［ f ］に入れる適切な字句を 10 字以内で答えよ。
(R03 秋 SC 午後 I 問 2 設問 2（5））

A 「多要素認証（5 字）」

“もっと長いパスワード”はバツ。本文中で**「利用者 ID とパスワードによる認証だけでは」マズい**と言っているので，**答えるべきは“「利用者 ID とパスワードによる認証」にとどまらない認証”**です。

このため，**“MFA（3 字）”や“マルチファクタ認証（9 字）”はセーフで，要素（factor）の数を 2 に限った“2 要素認証（5 字）”は多分△（半分加点）**。数を限定しすぎると“当たり判定”も狭まります。

そして本問以外の「IRM」ネタ，**“「IRM」の採用で，暴露型ランサムウェアによる情報漏えいのリスクが下がるのはなぜか？”の答**として，**“仮にファイルが盗まれても，他者による復号は非常に困難なので，さほど心配しなくて済む。”**を書かせる出題にも備えて下さい。

2 K社で「**クライアント証明書の失効が必要なときは**，（略，注：認証局である）**CAの証明書失効リストが更新される。**証明書失効リストは，**失効した日時と**⑧クライアント証明書を一意に示す情報**のリスト**になっている」。

Q **（略）証明書失効リストに含まれる，証明書を一意に識別することができる情報は何か。その名称を答えよ。** （R04春NW午後Ⅱ問1設問3（6））

A **「シリアル番号」**

証明書失効リスト（CRL）についての出題。情報処理安全確保支援士（SC）試験の［午前Ⅱ］では，「X.509における**CRL（Certificate Revocation List）に関する記述のうち，適切なもの**はどれか。（R01秋SC午前Ⅱ問6）」**の正解**として，「エ 認証局は，**有効期限内のディジタル証明書のシリアル番号をCRLに記載する**ことがある。」を選ばせています。

これが有効期限外（＝日切れ）による失効なら，特にCRLに載せなくても，**各機器が内蔵時計と見比べることで，失効の有無を判断できます。**ですが例えば"有効期限内の証明書と対をなす秘密鍵を，うっかり漏らしてしまった。"など，**日切れではない理由で（前倒しで）証明書を失効させたい時，その証明書のシリアル番号を公開しておく先が，CRL**です。

本問に加えて，**証明書の失効をリアルタイムで問い合わせるプロトコル名，"OCSP（Online Certificate Status Protocol）"の4字を書かせる出題**にも備えて下さい。

こう書く！

「SPFによるドメイン認証を実施する場合，**SPFの導入時に，電子メール送信元アドレスのドメイン所有者側で行う必要がある設定**」とくれば→**「DNSサーバにSPFレコードを登録する。」**（R04秋SC午前Ⅱ問15選択肢ア）

3 **機械メーカX社から見た顧客側にある**，X社が運用・保守の対象とする**「デバイス」や「エッジサーバ」といった顧客側の「工場内の機器とX社内の機器との通信は，いずれもクライアントサーバ型の通信**であり，機器間の（注：**「TCP」**（空欄エ））**コネクションの確立要求は，工場からX社の方向に行われる。**それを踏まえて」採用する，**機器のなりすまし対策**は下記等。
・「②TLSの機能を使った，デバイス及びエッジサーバに関する対策」

Q **本文中の下線②の対策を，30字以内で述べよ。**

（H30秋NW午後Ⅱ問1設問1（3））

A **「クライアント証明書を配布してクライアント認証を行う。（26字）」**

X社から見て遠隔地（顧客側の「工場内」）に設置された機器なので，**“目視で確認する。”はムリ，バツ**です。

本問の前振りとして設問1（1）空欄ウでは，**TLSには「通信相手を［ ウ ］する機能がある。」の答，「認証」**を書かせています。

そして本問，**TCPコネクションの確立要求の方向から，「工場」側がクライアント，「X社」側がサーバだと推理できます。**このため“**工場側（クライアント）の機器の，TLSを使ったなりすまし対策**は？”というと，本問の解答例に行き着きます。

こう書く！

「JIS X 9251:2021において，**個人識別可能情報の処理に関する潜在的なプライバシー影響の，特定，分析，評価，協議，伝達及び対応の計画を立てるための全体的なプロセス**と定義されているもの」とくれば→**「PIA」**（R04秋AU午前Ⅱ問14選択肢ウ）

4 **K社のテレワーク環境では，クライアント認証を用いる「個人PCから（注：K社側の）SSL-VPN装置に接続を行う**時に利用者のクライアント証明書がSSL-VPN装置に送られ，③SSL-VPN装置はクライアント証明書を基にして接続元の身元特定を行う」。
「TLSプロトコルのネゴシエーション中に，④クライアント証明書がSSL-VPN装置に送信され，SSL-VPN装置で検証される」。その後「⑤SSL-VPN装置からサーバ証明書が個人PCに送られ，個人PCで検証される」。

Q **本文中の下線⑤について，検証によって低減できるリスクを，35字以内で答えよ。** （R04春NW午後Ⅱ問1設問3（3））

A **「なりすまされたSSL-VPN装置へ接続してしまうリスク（27字）」**

下線③と④からは，**“K社側の「SSL-VPN装置」では，「個人PC」になりすました怪しい接続を蹴るための検証を行う。”**と読み取れます。**下線⑤は，その「SSL-VPN装置」と「個人PC」の立場を逆にした話**です。
ちなみに前問（設問3（2））では，**下線④での「クライアント証明書の検証のために，あらかじめSSL-VPN装置にインストールしておくべき情報」の正解**として，**「CAのルート証明書」**を書かせました。AP試験［午後］問1（情報セキュリティ）でも，これを書かせる出題に備えて下さい。

こう書く！

「SPF（Sender Policy Framework）の仕組み」とくれば→「**電子メールを受信するサーバが**，電子メールの送信元のドメイン情報と，電子メールを送信したサーバのIPアドレスから，**送信元ドメインの詐称がないことを確認する。**」（R04秋AP午前問44選択肢イ）

5 R社の「E主任とHさんは，**S/MIMEの利用**を想定した」下記等の方式を考えた。

・「(あ) **R社CAで，S/MIMEで利用する鍵ペアを生成し**，S/MIMEに利用可能な**クライアント証明書**（以下，**S/MIME証明書**という）**を発行**する。」

・「(え) **後でも参照する必要があるメールは**，②復号できなくなる場合に備えて，**復号してファイルサーバに保存**する。」

Q **本文中の下線②について，復号できなくなるのはどのような場合か。25字以内で述べよ。** (R02SC午後Ⅰ問2設問2 (3))

A 「復号に必要な秘密鍵を意図せず削除した場合（20字）」

データを暗号化して保存するなら，復号用の鍵も保存が必要。復号用の鍵を消そうとする出題例は【→p78】をご覧下さい。

本問のポイントは，**"S/MIMEのメールを暗号化したまま保存するなら，送信側のS/MIME証明書に加えて，復号に必要な受信側のS/MIME証明書（と，それに紐づく秘密鍵）も，削除せずにずっと残しておく。"**という点です。

腐れ縁。S/MIMEと証明書

S/MIME証明書の失効後も，ずっと残します。そこまでの管理が面倒なら，本文中の「(え)」の策です。

あと，S/MIMEとは違う話ですが，**復号用の鍵を保存しないケース**というのもあります。クラウドの契約終了時など，**クラウド上に残ったデータを誰にも見られたくない（または，ちゃんと消去されるか不安な）場合，こんなことをします。**

① クラウド上に保存するデータは，全て暗号化しておく。
② 暗号化していたデータを削除する。
③ (削除したデータの記憶域は，どこかの誰かが再利用する。)
④ 頃合いを見て①の暗号化に用いた鍵も消去し，鍵の値は忘れ去る。

"データを誰にも再利用できなくする。"という作戦です。

パターン10 「管理策」系

AP試験［午後］問1で答えさせるのは，IT技術だけではありません。本パターンでは，**制度設計や人的な対策，インシデント対応など，情報セキュリティ管理の観点で答えさせる出題**を中心に集めました。人の心がもつ闇の部分から目を逸らすことなく，そこに真摯に向き合って対策を考えることも，時には必要です。

1 **C社は，「インターネットを利用した販売を行う（略）販売管理システムを運用している」。**
2.1ページ略，**同システムの「サーバの監視は，監視サービス会社に委託している。レスポンスの低下及びハードウェア障害を検知した場合は，自動的に監視サービス会社に通知され**，監視サービス会社が**迅速に初動対応を行っている」。**

Q **（注：「販売管理システム」への）脆弱性検査を本番サービス実行中に行う予定である。これによる混乱を避けるために，事前に実施すべき対策が（注：C社内の関連部門への事前通知の）他にもある。対策を40字以内で述べよ。**

（H24秋SM午後Ⅰ問4設問1（1））

A **「販売管理システムの監視サービス会社に対し，脆弱性検査の計画を通知する。（35字）」**

煙が出るような火災訓練を行うときは，誤解されないよう，事前に消防署にも連絡しておきます。**これと同じ発想が本問です。**

本問の場合，擬似的なDoS攻撃によるレスポンスの低下や，脆弱性検査が"刺さった"ことでサーバが落ちた時も，その旨が「自動的に監視サービス会社に通知され」ます。このため**監視サービス会社にも事前に話を通しておかないと，無駄な「初動対応」をされてしまいます。**

他にも，**被検査側でSIEM【→p92】やIDS/IPSが動いているなら，検査内容によっては"一旦それらも止めておく"**ことも必要です。**その"止めておく理由は？"とくれば，①無駄なアラートを防ぐため，②無駄に検査を食い止められてしまうことを防ぐため**，を軸に答えましょう。

2 **A社での問題**は，「(1) **USBメモリなどの可搬型記憶媒体**の運用が，管理規程どおりに行われていない。」等。
次ページ，「問題の（1）については（略）**許可されていない可搬型記憶媒体に**（注：**PC側から**）**情報をダウンロードするなどの悪意をもった行動に対しては，管理規程だけでは対処できない**。そこで，PCの操作ログの取得機能や①デバイス制御機能をもつPC管理システムを導入することにした」。

Q **本文中の下線①について，情報の不正持出しを抑制する方法を，35字以内で述べよ。** (R02AP午後問1設問2 (1))

A **「許可されていない可搬型記憶媒体のPCへの接続を拒否する。(28字)」**

今回，答に書くべきは「管理規程【→p43"管理策"】だけでは対処できない」話。このため**正解候補は，管理策ではなく，情報技術を使って解決させる話に絞り込めます。**

下線①の実現には，一般には**EDR製品（Endpoint Detection and Response）の利用がふさわしい**と言えます。なお，Windowsだと"gpedit（ローカル グループポリシー エディター）"による設定でも実現できます。

こう書く！

「**サイドチャネル攻撃**に該当するもの」とくれば→「暗号アルゴリズムを実装した**攻撃対象の物理デバイスから得られる物理量（処理時間，消費電力など）やエラーメッセージから，攻撃対象の秘密情報を得る。**」(R04秋AP午前問37選択肢ア)

3 **A社では「内部不正による情報漏えいの**追加の**対策」の実施を決めた。**
1.5ページ略，**B主任は**「(a) PC管理システムの導入，(b) メール管理システムの未使用機能の有効化，(c) プロキシサーバでのURLフィルタリングの稼働と設定の見直し，(d) ログの取得と監視，の**四つの対策案をまとめた。**また，⑥これらの対策を社内に告知することによって，内部不正を抑止することが期待できるので，**四つの対策の実施と対策内容を社内に告知する**ことを（略）提案し，承認された」。

Q **本文中の下線⑥について，内部不正を抑止することが期待できるのはなぜか。その一つの理由を30字以内で述べよ。** (R02AP午後問1設問3 (3))

A **【内一つ】「不正を隠し通せないことが分かるから（17字）」「情報を不正に社外に持ち出すのが難しいことが分かるから（26字）」**

本問でB主任が狙ったのは，悪い心にブレーキをかける効果。これを表す便利な用語，**“抑止効果”**（よくしこうか）を覚えて下さい。

“ビビらしたれ！” 上品に言うと，抑止効果。

そして**本問，決して内部不正を“完全に防げる”とは言っていません。**

B主任の四つの案はどれも，その気になれば突破できそうです。**“抑止効果”に期待できるのは「内部不正を抑止すること」，言い換えると“思い留まってくれる確率を高める”までです。**

ビビらす効果なんて，その程度ですよ。

補足

サイバーセキュリティに“この策だけで完璧！”は存在しません。**個々の対策は穴だらけでも，各対策を重ね合わせて互いの穴をふさぐ多層防御，いわゆる“スイスチーズモデル”の考え方**が大切です。

4 「従業員 150 名」の **C 社には，人数が「20 名の企画部」等がある。**
2.6 ページ略，**「企画部が最近利用し始めたビジネスチャットサービス R**（以下，**サービス R** という）という無料の SaaS **において」トラブルが発生した。**
次ページ，**「外部の何者かがサービス R 内の情報に不正にアクセスし情報を持ち出していないかを調査する**ため，サービス R の提供会社にアクセスログを提供してもらえないかと問い合わせたが，無料のサービスについては提供できないという回答だった」。
C 社の E 部長は，「**仮に情報漏えいがあった場合，最大でどの程度の被害となり得るか**を判断するために，④アクセスログの調査以外に実施できる調査を（注：C 社の A さんに）指示した」。

Q **本文中の下線④について，アクセスログ以外に何を調査すべきか。調査すべきものを 40 字以内で述べよ。** (R03 春 SC 午後Ⅱ問 2 設問 2)

A **「企画部の部員がアクセスできるチャットエリアで共有されている情報（31 字）」**

本問の「サービス R」は，無料プランでもソコソコ使える “Slack” や “Chatwork” あたりを想像して下さい。ですが**無料なだけあって，手厚いサポートは期待できません。**

そこで E 部長は，C 社側だけでも検査できる策を考えました。**“「サービス R」に投稿され，共有されている情報を，全てチェックする。” という策**です。

もし，どうでもいい投稿ばかりなら，そう問題視しなくても良さそうです。

幸い，**C 社での「サービス R」のユーザ数は企画部の 20 名まで**に絞れ，全員の投稿を確認する手間もその程度です。利用を始めてまだ日も浅く，無料プランの枠内なので，**たいした投稿数でもない**でしょう。

5 図1（T社の現行ネットワーク構成（抜粋））より，T社の本社と10か所の支店のそれぞれが，インターネット接続回線をもつ。また，本社と各支店は，広域イーサネットサービス網（広域イーサ網）によっても相互に接続される。

………

T社ではVDI（Virtual Desktop Infrastructure）を導入する。各支店のPCをシンクライアント化し，各支店からのインターネットへの接続は，広域イーサ網を介して本社のVDIサーバ上の仮想PCから行うこととする。この「VDI導入後は，②支店のインターネット接続回線を廃止し，本社のインターネット接続回線の契約帯域を1Gビット／秒に変更（注：意味は“増速”）する」。

Q 本文中の下線②について，インターネット接続回線を廃止する理由を，インターネット通信に着目して30字以内で述べよ。また，現行ネットワーク構成と比べたときの情報セキュリティ対策上の利点を30字以内で述べよ。

（H29秋NW午後Ⅰ問2設問2（3））

A 【理由】「インターネット通信は本社の仮想PCから行われるから（25字）」，【利点】「情報セキュリティ対策を本社で集中的に行うことができる。（27字）」

平成29年（2017年）当時の出題。今だと“支店のインターネット接続回線は廃止せず，［ 空欄 ］させる。”の穴埋めで，“ローカルブレークアウト”と書かせるでしょう。

ところで本問，T社での「VDI導入後」には，各支店のシンクライアントからのインターネット接続は，下記の経路となります。

> 各支店の「シンクライアント」→（広域イーサ網）→ 本社のVDIサーバ内に仮想化された「仮想PC」→（インターネット）

このため【理由】側の解答例は，その意味に“各支店からインターネットに直接つながる回線が，ムダになってしまうから”も含みます。

なお，【理由】側で“コストダウン”や，次の【利点】で答えるネタである“セキュリティの向上”と書いてしまうと，これらは「インターネット通信に着目」つまりは“通信回線がどうなるんだ”の話ではないと判断されて，バツです。

6 **IPS（侵入防止システム）**には「例えば，SQLインジェクションのような，Webアプリケーションの脆弱性に対応する機能をもつもの，及び③防御対象のサーバに新たな脆弱性が発見された場合の一時的な運用に対応できるものがある」。

Q **本文中の下線③で可能としている，一時的な運用を50字以内で述べよ。**

（H27秋NW午後Ⅰ問3設問3（1））

A **「保護する機器にセキュリティパッチを適用するまでの間，脆弱性を悪用する攻撃の通信を遮断する。（45字）」**

設問の意味は，**“下線③でいう「一時的な運用」では，どのような事を行うか”**。そして今回は「一時的な運用」つまりは**暫定策を聞かれているので，恒久的な策を書いてしまうとバツ**です。

そして本問の表現は平成27年（2015年）当時のもの。**今なら“仮想パッチ”という呼び名で出題する**でしょう。そして**“仮想パッチとは，どのように働くものか？”と問われた時も，書くべきは本問の解答例**です。

コラム **“所与（しょよ）”について**

出題での，**“ここだけは変えることができない”という前提条件のことを“所与”と呼びます**。例えば，

> その場所まで車で行くことができない。ではどうやって移動すべきか？

といった設問だと，“その場所まで車で行くことができない”点が，もはや変える事のできない，所与の条件です。

この場合，**一般に素直だと呼べる表現は“歩く。”“自転車”“ヘリコプター”などの，代替となる移動手段を述べた“回答”です**。加点対象である“正解答”だとは限りませんが，**少なくとも“回答”でないと“正解答”にはなり得ません。**

対して素直じゃない表現は，例えば“車で行けるように道をつくる。”や“その場所がダメなら別の場所に目的地を変更する。”などです。問われた事と根本からズレているため，加点対象からは程遠い，と考えて下さい。

7 流通業K社のZ氏が「**OSアップデートに関わるインシデント**の状況を調査したところ，流通業務サービスの**一部の機能が正常に利用できない事象が数回あった**ことを確認できた。**そこで，OSメーカからOSアップデートが配信されたときは，利用者のPCに展開する前に，情報システム部で**③ある作業**を実施する**ことをルールとして定めた」。

Q **本文中の下線③の作業として，OSのアップデートを利用者のPCに展開する前に，情報システム部で実施しておくべき作業の内容を40字以内で述べよ。**

(H29春AP午後問10設問3（2))

A **「OSのアップデートを展開しても流通業務サービスに影響がないことを試験する。(37字)」**

いわゆるISMS，『JIS Q 27002』の「14.2.9 システムの受入れ試験」では，**「セキュリティに関連する欠陥を修正した場合は，この修正を検証することが望ましい。」**と述べます。この「修正を検証すること」が，本問でいう「③ある作業を実施する」に該当します。

パッチが来たら“動作を検証”

引用：『JIS Q 27002：2014（ISO/IEC 27002：2013）情報技術－セキュリティ技術－情報セキュリティ管理策の実践のための規範』（日本規格協会 [2014]p62)

こう書く！

「パスワードスプレー攻撃」とくれば→「攻撃の時刻と攻撃元IPアドレスとを変え，かつ，アカウントロックを回避しながら**よく用いられるパスワードを複数の利用者IDに同時に試し**，ログインを試行する。」（R04秋SC午前Ⅱ問6選択肢ウ）

8 **B社は**「インターネットサービス企業であり，買収した国内の子会社２社を含めて，**B社グループとして事業を展開している**」。
2.6ページ略，**B社では「B社CSIRT設置の際に外部関連組織**（注：国内外のCSIRT）**との連携体制を構築して以降，定期的な情報交換や外部関連組織リストの更新などを行っていない**」。

Q **（略）システム監査人が想定した，“外部関連組織との連携が迅速かつ有効に行われない”ことによる影響を，次の（1）及び（2）の観点から，それぞれ50字以内で述べよ。**

（1）B社グループ内に及ぼす影響

（2）B社グループ外に及ぼす影響

（H28春AU午後Ⅰ問1設問4（1），設問4（2））

A **【(1)】「外部で発生したインシデントへの対応を適切に行えず，B社グループが同様の被害を受けること（43字）」，【(2)】「グループ外での対応が遅れ，B社グループ内で発生したインシデントと同様の被害が外部に拡大すること（47字）」**

正解はこれで良いとして。本文中には，「**B社CSIRTの最も重要な役割は，情報セキュリティイベント**（略）**の認知・連絡受付から通知・報告などに至る一連の活動**（以下，**インシデントハンドリング**という）である。」という記述も見られました。

なお，日本国を代表するCSIRTは**“JPCERT（ジェーピーサート）コーディネーションセンター（JPCERT/CC）”**が担いますが，**知識問題として“JPCERT”というスペルを書かせる出題にも備えて下さい。**

こう書く！

「**HTTP Strict Transport Security（HSTS）の動作**」とくれば→「Webサイトにアクセスすると，**Webブラウザは，以降の指定された期間，当該サイトには全てHTTPSによって接続する。**」（R04春SC午前Ⅱ問14選択肢エ）

9 **L社が受け取った脆弱性診断結果（表3）の項番「脆3」より，「Webサーバソフトウェア」は「脆弱な暗号化通信方式が使用できてしまう設定であり，情報漏えいのおそれがあった」。**
次ページ，Nさんが検討した**表4（発見された脆弱性に対して実施すべき対策（案））中の，「脆3」への対策案は，「Webサーバソフトウェアの設定を変更して，脆弱な暗号化通信方式を使用禁止にする。」**である。
また，Nさんが検討した**表5（L社が中長期的に取り組むべき脆弱性対策（案））中の「社外に委託して開発する自社ソフトウェア」の内容は，**「・③ソフトウェアの企画・設計段階からセキュリティ機能を組み込むようにセキュリティの専門家を参加させる。」等。

Q **表5中の下線③について，表3の項番"脆3"で発見された脆弱性への対策として，ソフトウェアの企画・設計段階からセキュリティの専門家を参加させる狙いを30字以内で述べよ。** （H30秋AP午後問1設問3（2））

A **「危殆（たい）化していない暗号化通信方式を採用するため（22字）」**

下線③は"セキュリティ・バイ・デザイン"のことですが，だからと言って本問，**"セキュリティ・バイ・デザインとは，そういうものだから"と書いてもバツ**です。

本問は「ソフトウェアの企画・設計段階」の話なので，上流工程の話。運用の現場で**「脆弱な暗号化通信方式が使用できてしまう設定」をしてしまったのが問題なので，上流工程での理想は，"そもそも「脆弱な暗号化通信方式」を使わないように設計しておく"。**これが解答例の言いたいことです。

なお本問の「Webサーバソフトウェア」とは，"NGINX（エンジンエックス）"や"Apache HTTP Server"のようなWebサーバ機能を実現させるソフトウェアを指します。これらそのものを修正する話，例えば**"「Webサーバソフトウェア」の穴を，セキュリティの専門家にふさいでもらうため"も，本問ではバツ**です。

そして**"殆（ほとん）ど"の字を使う「危殆（きたい）化」とは，暗号アルゴリズムが安全ではなくなったり，秘密の値がバレたりすること。**この用語，本文中のどこにも出てこないため，**"AP試験［午後］の受験者なら，「危殆化」ぐらいは漢字で書けて当然！"という出題者からの圧も感じて下さい。**

10 表5より，**Z社が提供するクラウドサービス（Zクラウド）**では，「Webアプリケーションサーバ上の**アプリケーションプログラムの脆弱性を突いた攻撃のリスクを軽減するための対策が取られていない**」。
1.5ページ略，この件については，**Z社から見た「開発委託先との契約に⑨必要な条項を追加することにした上で，**（注：Z社側への）**納品時にWebアプリケーションプログラムの脆弱性検査を実施する**ことが決まった」。

Q **本文中の下線⑨について，委託契約に盛り込むべき条項を，25字以内で具体的に述べよ。** （H29秋SC午後Ⅱ問1設問3（8））

A **「脆弱性検査合格を受入条件とする。（16字）」**

ついでに覚える，**民法の“契約不適合責任”**。『情報セキュリティ白書2019』によると，令和2年施行の改正民法によって，**発注側には「契約時における契約内容の明確化がより一層求められる**ようになり（略）例えば，納品後のソフトウェアプログラムに脆弱性が発見され，委託先に修補を求めようとする場合，**あらかじめ，そのような脆弱性のないプログラムの納品を契約内容としておく**必要がある。」とのことです。

この条件をひとまず満たすには，**契約書にはあらかじめ，一言でも“脆弱性のないプログラムを納品すること。”の旨を書いておく必要があります。**

引用：『情報セキュリティ白書2019』（IPA[2019]p187）

こう書く！

「ファイアウォールの**NAPT機能によるセキュリティ上の効果**」とくれば→「内部ネットワークからインターネットにアクセスする利用者PCについて，**インターネットからの不正アクセスを困難にする**ことができる。」（R04春SA午前Ⅱ問20選択肢エ）

11 運用サービスを提供する「J社からは，**サーバ及びPCで使用するソフトウェア**（以下，**標準ソフトウェア**という）**の一覧を運用サービス契約時に取り決めた上で，次の運用サービスを提供できる**という回答があった」。

【運用サービス1】

・「**標準ソフトウェアに関する脆弱性情報を日次で収集**する。」

【運用サービス2】

・「（略）**運用サービス1で収集した情報を用いて**（略）サーバ及びPC内の**標準ソフトウェアのパッチ適用状況及びセキュリティ設定を日次で監視**する。」

Q **運用サービス1及び2が提供される場合，標準ソフトウェア以外のソフトウェアがサーバ又はPCに導入されていたとすると，セキュリティ管理上どのような不都合が生じるか。40字以内で述べよ。**

（H30秋SC午後Ⅱ問1設問4（2））

A **「標準ソフトウェア以外のソフトウェアは，脆弱性管理がされないという不都合（35字）」**

文字列「標準ソフトウェア」のクドさもヒント。出題者の“ここに着目して答えて！”という願いの表れです。

J社は，**「標準ソフトウェア」についてはサポートしてくれる**ようです。このため，**「標準ソフトウェア」“じゃない方”はサポートされません。**

そして本問，ここから話を膨らませた**下記のストーリーの出題も考えられます。**

①品目が構成管理の対象外だった，とくれば“管理対象から漏れる。”
②管理対象から漏れる，とくれば“放置される。”
③放置される，とくれば“案の定そこをヤラレる。”

なので**構成管理，やるなら“漏れなく，最新の情報に更新”**を。

【→p239“構成（コーセイ）！”】

12 **D課長の検討は**，「顧客情報データベースと販売情報データベースは，暗号化鍵を用いて暗号化する。**バックアップデータからの情報漏えいを防ぐために，暗号化されたデータのままバックアップを行う。**」等。

「D課長は検討した結果をF部長に報告した」。

D課長：「（略）暗号化鍵は四半期に1回変更します。**新しい暗号化鍵でのデータベースの再暗号化が完了次第，古い暗号化鍵は削除する**予定です。」

F部長：「①古い暗号化鍵を削除する運用だと問題があります。**過去の暗号化鍵も含めて鍵を管理する**ように検討し直してください。」

Q **本文中の下線①について，どのような問題があるか。40字以内で述べよ。**

（H29秋AP午後問1設問1（3））

A 「削除された暗号化鍵で暗号化されたバックアップデータを復号できない。（33字）」

解答例の意味は“**バックアップデータのうち，暗号化鍵が削除されたものはそのデータを戻せない。（37字）**”です。**本問と同様の検討は，S/MIMEで暗号化されたメールを後日に復号したい時にも必要**【→p66】となります。

なお，**「暗号化されたデータのままバックアップを行う」ことそのものは，悪くない策**です。D課長が考えるよう「バックアップデータからの情報漏えいを防ぐために」，例えば**暴露型のランサムウェアにヤラレて，バックアップデータが漏えいしても，その被害を限定的なものとする**ことができます。

こう書く！

「パスワードクラック手法の一種である，**レインボー攻撃**に該当するもの」とくれば→「**平文のパスワードとハッシュ値をチェーンによって管理するテーブルを準備**しておき，それを用いて，不正に入手したハッシュ値からパスワードを解読する。」（R04春AP午前問42選択肢ウ）

13 C社の「システム部門は，**顧客情報から必要がない個人情報の箇所をマスクしたデータ**（以下，**加工個人情報**という）**を提供している。**加工個人情報は，**CSV形式のファイルを暗号化して，電子メール**（以下，**メール**という）**に添付して**（注：複数名いる，扱う資格をもつ）有資格者に**送付している**」。
1.3ページ略，**「加工個人情報をメールに添付して送付する方法」に存在するリスク**は下記等。

・**「間違って別のファイルや暗号化していないファイルを添付してメールを送付する**おそれがある。」
・**「間違って［ e ］にメールを送付する**おそれがある。」

Q 本文中の［ e ］に入れる適切な字句を10字以内で述べよ。
（H29秋AP午後問1設問2（2））

A **「意図しない宛先（7字）」**

匿名化・暗号化してあっても，誤送信は誤送信です。変な思い込みから，“「加工個人情報」は匿名化・暗号化してあるんだから，べつに誤送信してもいいよね。”とか考えて，空欄eの可能性を狭めないように！

本問の送信方法がもつ**別のリスクとして，設問2（1）ではいわゆるPPAP，「パスワードを別メールで送付する運用だと，**（注：**「盗聴」**（空欄d））**に対して効果がない。」も出題されました。**

こう書く！

「マルチベクトル型DDoS攻撃に該当するもの」とくれば→「攻撃対象のWebサーバ1台に対して，多数のPCから一斉にリクエストを送って**サーバのリソースを枯渇させる攻撃と，大量のDNS通信によってネットワークの帯域を消費する攻撃を同時に行う。**」（R04春SA午前Ⅱ問17選択肢ア）

14 **「A 社グループでは，大規模地震を想定した安否確認システムの導入を行うことにした」。**A 社の B 課長がまとめた**同システムの要件は，「社員の緊急連絡先は，社員が自ら登録する。社員ごとに複数の連絡先が登録できるようにする。」**等。
3.5 ページ略，「B 課長は，**次の三つの目的のために，今後，年 2 回定期的に安否確認訓練を行う**ことを提言した」。
①「システムが**正常に動作することを確認するため**」
②「社員が**操作に慣れるため**」
③「全社員への緊急連絡という観点から，**あるリスクを回避するため**」

Q **安否確認訓練を年 2 回定期的に行うことにした目的に挙げられている，（注：③の）回避すべきリスクとは<u>どのようなリスク</u>か。35 字以内で述べよ。**
（H25 秋 SA 午後Ⅰ問 1 設問 3（2））

A **「社員が緊急連絡先の<u>変更を登録せず，緊急連絡が届かなくなる</u>リスク（31 字）」**

私の近所の防災無線からは，平日の午後に“まもなく下校の時間です。皆様の見守りで，子どもを犯罪から守りましょう。”と流れてきます。
だけどなぜ，ほぼ毎日？

① **ちゃんと鳴ることを確認するため**
② 住民に，防災無線の場所や放送に**馴染んでもらうため**
③ **“鳴らない”事態を災害時に初めて，ではなく，平時に気づくため**

上図はそれぞれ，B 課長の言う「三つの目的」に対応します。ですがこの訓練を毎日されても困るので，B 課長は「年 2 回定期的に」行うよう提言しました。**毎日だと，面倒がられて“メールを受信拒否”，“スパム判定”，“安否確認システムへの登録をやめてしまう”となりかねません。**

15 **「可搬性を確保するために，通信機能を搭載したタブレット端末を導入するが，情報セキュリティの確保が必要となる」。**

次ページ，K 氏は「④情報セキュリティ面のリスクを回避するために，タブレット端末にデータを保存させない機能を追加することにした。さらに，タブレット端末に IC タグを貼付して，管理を徹底することにした」。

Q **K 氏が（略）タブレット端末にデータを保存させない機能を追加することによって回避しようとしたリスクを，30 字以内で述べよ。**

（H28 春 PM 午後Ⅰ問 1 設問 2（4））

A 「タブレット端末の紛失や盗難による情報漏えい（21 字）」

「可搬性を確保する」の裏の意味は，①“うっかりすると紛失・盗難”。

そして設問文を読み替えると“タブレット端末に**データを保存させると生じるリスク**を述べよ。”なので，**答の軸は，②“データの漏えい”**が良いでしょう。本問の解答例は，上記の①と②を合わせた表現です。

ちょっと意表を突かれた過去の出題例ですが，**「盗難，紛失」のリスクに対して有効と考えられる，持ち運びに関する注意点**（H23 特別 SC 午後Ⅰ問 3 設問 2）**の答**として，**「移動中は肌身離さず持つ。」**と書かせたこともあります。

コラム **ペネトレーションテストの確認事項**

方向	必要な確認事項（例）
診断する業者 → 被検査側	・過剰検知（フォールスポジティブ）による誤った警報で問題が起きた時の責任範囲を明確にする。 ・本物の攻撃だと誤解しないよう，実施する日時とその範囲，送信元 IP アドレス等を関係者に事前に通告し，データの事前バックアップを要請する。 ・ポートスキャン等を検知すればその通信を遮断する IPS や IDS は，その機能を停止させておき，IPS や IDS そのものへのテストは別の機会に行う。
被検査側 → 診断する業者	・検査する範囲の明確化 ・検査で判明した脆弱性も含め，口外しないよう秘密保持契約（NDA）を締結する。

16 **K氏は，建設業J社での「新人材管理システム」を構築するプロジェクトのPM。**同システムは「既存の**社員情報システム，業務経歴システム及び研修管理システムを統合し**（略）**一元管理する**ことを目的としている」。
3.0ページ略，K氏が提案した方針は，**営業活動に必要な情報（類似案件の経験者や資格保有者など）を入手したいJ社の**「**営業部員が**システムに**直接アクセスする仕組みは新人材管理システム特有のリスクがあるので，**③システムに直接アクセスする仕組みは導入せず，**人事部で対応する**（注：意味は“代わりに**人事部がアクセスする**”）こととし，迅速な情報提供を行える機能の検討を実施する。」等。

Q **K氏が，本文中の下線③のように営業部員がシステムに直接アクセスする仕組みを導入しなかった，新人材管理システム特有のリスクとは何か。15字以内で具体的に述べよ。**
（H26春PM午後Ⅰ問1設問4（2））

A **「人材情報が漏えいすること（12字）」**

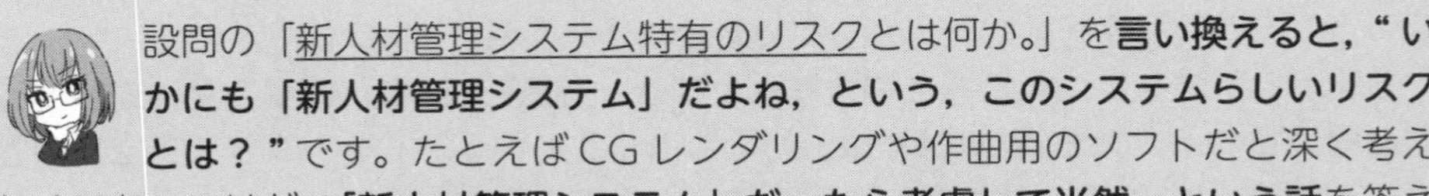

設問の「新人材管理システム特有のリスクとは何か。」を**言い換えると，“いかにも「新人材管理システム」だよね，という，このシステムらしいリスクとは？”**です。たとえばCGレンダリングや作曲用のソフトだと深く考えなくてもいいけど，**「新人材管理システム」だったら考慮して当然，という話**を答えて下さい。

J社が新たに構築する「新人材管理システム」は，「既存の**社員情報システム，業務経歴システム及び研修管理システム**」**が扱うデータも一元管理する**ようです。言い換えると，**この「新人材管理システム」は，J社の人材情報の宝庫**です。

3 本問の「**NPB**（注：**ネットワークパケットブローカ**）**は**事前に入力ポート，出力ポートを設定し，**入力したパケットを複数の出力ポートに複製する装置**」。また「**可視化サーバは複製されたパケット**（以下，**ミラーパケット**という）**を受信して統計処理を行い，時系列グラフによって可視化をする**ことができる。**キャプチャサーバは**大容量のストレージをもち，**ミラーパケットをそのまま長期間保存する**ことができ」る。
次ページ，「**NPB は受信したミラーパケットを**必要なパケットだけにフィルタリングした後に**再度複製し**，⑥可視化サーバとキャプチャサーバに送信する」。

Q **本文中の下線⑥について，サーバでミラーパケットを受信するためにはサーバのインタフェースを何というモードに設定する必要があるか答えよ。また，このモードを設定することによって，設定しない場合と比べどのようなフレームを受信できるようになるか。30字以内で答えよ。**

（R04 春 NW 午後Ⅰ問 1 設問 3（4））

A **【モード】「プロミスキャス」，【フレーム】「宛先 MAC アドレスが自分の MAC アドレス以外のフレーム（27 字）」**

（プロミスキャス（promiscuous）…言いたくないな。）
あるベンダは「プロミスキャス」モードを“無差別モード”と呼んでいましたが，これが一般的な呼び名か，答としてマルがもらえるかというと疑問です。未来には呼び名も変わってほしいですが。
レイヤ 2 のパケットのことを，こだわる人は「フレーム」と呼びます。文脈からすると，**この設問では“イーサネットフレーム”を指す**ようです。
通常のモードの LAN インタフェース（NIC）が受信するフレームは，自身の MAC アドレス宛てのほか，自身が受信すべきブロードキャストとマルチキャストのフレームを取り込みます。**この通常のモードのままだと，“他の NIC 宛てを含む，LAN 上を流れる全フレームを取り込んで解析したい。”という願いは叶いません。**
そこで **NIC の設定を本問の「プロミスキャス」モードに変えることで，自身宛てかどうかに関わらず，あらゆるフレームを取り込める**ようになります。

4 T君は，**本問の「本サービスのWebAPIはREST（REpresentational State Transfer）形式を採用する**こととし」た。**その設計方針**は下記等。

- **「WebAPIへのアクセスは，全てHTTPSを用いて行う。」**
- 「全てのWebAPIでユーザ認証を行う。②ユーザ認証は，HTTPリクエストヘッダのX-Authorizationヘッダフィールドで，“ユーザID:パスワード”をBASE64エンコードしたものを設定する方式とし，設定された“ユーザID:パスワード”が“ユーザ”テーブルに存在することを確認する。」

Q **本文中の下線②の認証方式を採用する際に，セキュリティ上必要となる重要な設計方針を，本文中の字句を用いて35字以内で述べよ。また，その設計方針が必要な理由を20字以内で述べよ。** (H29秋AP午後問4設問2)

A **【設計方針】「WebAPIへのアクセスは，全てHTTPSを用いて行う。（28字）」，【理由】「HTTPだと盗聴される危険があるから（18字）」**

BASE64のデコードなんて楽勝ですよ。

そして，**“ユーザ認証”と“盗聴の防止”は，切り分けて考えましょう。**今回はHTTPの枠組みを利用したユーザ認証で「“ユーザID:パスワード”をBASE64エンコードしたもの」を使うため，**窃取したBASE64エンコードの文字列をデコードすれば，ユーザIDとパスワードが両方（しかも平文（ひらぶん）で！）手に入ります**。

なので，**もしT君が下線②の方式を採用したいのなら，このエンコードされた文字列の窃取（盗聴）を防ぐ策**（具体的には，**HTTPの電文を丸ごとTLSで暗号化する**策，本文中でいう**「WebAPIへのアクセスは，全てHTTPSを用いて行う。」**という策）**とのセットでないと，怖くて使い物になりません。**

5 D社内の「**Web業務システム**」**がもつ負荷分散装置（LB）は**，「各部署のPCから**Webサーバに対するアクセスをラウンドロビン方式でWebサーバ1～3に分散して接続する**」。PCの「Webブラウザで Web 業務システムの URL を指定してアクセスすると，**LBは**（注：パケットがもつ**送信元IPアドレスの値をLBのものに置き換え**），**Webサーバを一つ選択して，当該サーバ宛てにパケットを送出する**」。2.1ページ略，「**Webサーバで通信ログを調べる際に**④送信元のPCがすぐに特定できなかった」。

Q **本文中の下線④について，送信元のPCをすぐに特定できない理由を25字以内で述べよ。** （H30秋AP午後問5設問3（2））

A **「送信元のIPアドレスはLBのものになるから（21字）」**

解答例の意味は，“**送信元のIPアドレスが全て，LBによって同じ値に変えられてしまったから（35字，字数オーバ）**”。

本問以外にも“**複数の送信元IPアドレス値が一つにまとまり，サーバ側では送信元の機器の特定に困る**”**ケース**があります。たとえば下記の二つです。

NAPT経由の接続	プライベートIPv4アドレスをもつ複数の機器が，**1個のグローバルIPv4アドレスで代表**されます。
プロキシサーバ経由の接続（フォワードプロキシ）	NAPTと同様の効果があります。加えて，**キャッシュしたデータをWebサーバの代理で応答するケースでは，Webサーバ側での送信元の把握が，より困難**となります。

じつは本問，本文中に，D社内の「各部署の**PCは起動時に，DHCPサーバから割り当てられたIPアドレス**などでネットワーク設定が行われる」旨も見られました。このため**書くべき答を“PCのIPアドレス値が固定ではないから”と迷いますが，出題者は，より特定が面倒な方を，本問の正解としました。**

6 本問の**「IP アドレス変換」は，NAT や NAPT** を指す。

……….

表 1（NAT 機器を経由した IPsec 通信で発生する問題）中のプロトコル名「AH」の問題は，「トランスポートモード，トンネルモードともに，(い) IP アドレス変換が行われると認証エラーが発生する。」である。

Q **表 1 中の下線（い）の認証エラーが発生する理由を，認証対象に着目して，60 字以内で述べよ。** （H27 秋 NW 午後Ⅱ問 2 設問 3（1））

A **「IP ヘッダが認証対象なので，IP アドレスが書き換えられると認証データが計算値と一致しなくなるから（48 字）」**

IPsec は NAT/NAPT 環境と相性が悪い，と言われる理由の一つが本問です。

なお，“Authentication Header” の略である**「AH」の目的は，改ざんの検知であって，暗号化ではありません。「AH」は改ざんを検知できる値として，そのヘッダ内に HMAC（メッセージ認証のための鍵付ハッシング）をもちます。**

ちなみに表 1 中の各プロトコル名**「AH」「ESP」「IKE」**の説明は，問題冊子のどこにも書かれておらず，“これらの略語は，ネットワークスペシャリスト（NW）試験の受験者ならば知っていて当然”という扱いでした。平成 27 年（2015 年）の出題から**年数も経ったので，そろそろ AP 試験でも“知っていて当然”扱いされる頃**です。

こう書く！

「総務省及び国立研究開発法人情報通信研究機構（NICT）が 2019 年 2 月から実施している**取組 “NOTICE”**」とくれば→「**国内のグローバル IP アドレスを有する IoT 機器に対して，容易に推測されるパスワードを入力する**ことなどによって，サイバー攻撃に悪用されるおそれのある機器を調査し，インターネットサービスプロバイダを通じて**当該機器の利用者に注意喚起を行う。**」（R04 春 SC 午前Ⅱ問 8 選択肢イ）

7 **C社は，「インターネットを利用した販売を行う**（略）**販売管理システムを運用している」。**
次ページ，C社の**D氏は，同システムの各サーバが取得する「ログとその統計情報から不正アクセスの有無を点検している」。**
次ページで**D氏が計画した脆弱性検査は，同システムへの「社外からの検査は，**（注：**脆弱性を検査する**）**R社の検査端末からインターネット経由で実施する。」**等。
「検査の**準備作業として，D氏は**（略）（ア）R社の検査端末のグローバルIPアドレスを確認した」。

Q **本文中の下線（ア）について，D氏がグローバルIPアドレスを確認した目的を，40字以内で述べよ。** （H24秋SM午後Ⅰ問4設問1（2））

A **「各サーバのログを，検査に伴うレコードと通常運用のレコードに区別するため（35字）」**

解答例中の「レコード」とは，データ1件ぶん，例えばテーブル内で言うと，1行ぶんのデータのことです。
そして**この解答例を丁寧に書くなら，“各サーバが取得するログの点検において，脆弱性検査でR社から届く一見不正な記録と，日常的に不正アクセスの有無を点検するための記録とを区別するため（71字，字数オーバ）”**です。
R社による脆弱性検査では，怪しいパケットが下線（ア）のグローバルIPアドレスからバンバン届きます。**D氏は，そのIPアドレス値を把握しておかないと，後で行うログの点検で徒労が増えてしまいます。**

こう書く！

「ISP“A”管理下のネットワークから別のISP“B”管理下の宛先にSMTPで電子メールを送信する。電子メール送信者がSMTP-AUTHを利用していない場合，**スパムメール対策OP25Bによって遮断される電子メール**」とくれば→**「ISP“A”管理下の動的IPアドレスのPCからISP“A”のメールサーバを経由せずに直接送信される電子メール」**（R04秋AU午前Ⅱ問20選択肢エ）

コラム **読み手が納得する答を**

下記の例題は，運用コストを抑えられる，その理由を問うものです。

> J 社は「①運用コストを抑えるためにオンライン処理は PaaS 又は FaaS を利用することを検討する」。
>
> ……….
>
> 本文中の下線①について，IaaS と比較して運用コストを抑えられるのはなぜか。40 字以内で述べよ。 （R04 春 AP 午後問 4 設問 2（1））

ところで本問，どの程度の踏み込み具合で答えれば良いでしょうか。

下記の例では，①**は論外**です。**許される解答表現は**②（**IPA 公表の解答例**）**と**，③**も**②**の言い換えだと考えればセーフ**です。④**以降は問われたこととは結びつかず**，採点者も首をかしげます。

…なぜ「IaaS と比較して運用コストを抑えられる」のか？
① “IaaS と比較して運用コストを抑えられるから ”。
…なぜ “IaaS と比較して運用コストを抑えられる ” のか？
② 「PaaS や FaaS では，OS やミドルウェアのメンテナンスが不要だから」。
…なぜ「PaaS や FaaS では，OS やミドルウェアのメンテナンスが不要」なのか？
③ “OS やミドルウェアのアップデートをクラウド事業者側が行うから ”。
…なぜ “OS やミドルウェアのアップデートをクラウド事業者側が行う ” のか？
④ “PaaS とかの場合，クラウド事業者が，そうしてくれるものだから ”。

以降，**“ この宇宙がビッグバンによって開びゃくしたから ”，“ 創造主がそのように人間社会をお作りになったから ”** などに至ります。

第2章
国語で勝つ！「経営戦略」 60問

- 》》》パターン1　「基本は“コピペ改変”」系 13問
- 》》》パターン2　「悪手を見つけた→反対かけば改善策」系 11問
- 》》》パターン3　「拡張性は“クラウド”」系 2問
- 》》》パターン4　「知財戦略」系 3問
- 》》》パターン5　「業務改善ITまかせろ」系 7問
- 》》》パターン6　「本文要約」系 3問
- 》》》パターン7　「マーケティング」系 8問
- 》》》パターン8　「財務・会計」系 6問
- 》》》パターン9　「DXでデラックス」系 7問

パターン1 **「基本は“コピペ改変”」系**

AP試験［午後］問2（経営戦略）では，書くべき答の文字列が，本文中にほぼそのまま見つかるケースも多いです。ですが**間違った箇所を引用してしまうとアウト，勝敗を分けるのは“適切な文字列をコピペできるか”**です。
本パターンの例題で，どこをどのように抜き出すか，どう改変するか，そのコツを身に付けて下さい。

1 **経営再建中のB銀行の**「勘定系システムは，預金，融資，為替を取り扱う。**情報系システムは**，勘定系システムのデータを集計，分析し，本部・支店でのリスク管理，**融資先管理**，顧客分析**を行う**」。
B銀行の**「融資先管理機能が不十分であることは，B銀行の経営不振を招く一因になった」**。

Q **情報系システムの再構築に当たって見直すべき業務機能を答えよ。**
（H26秋ST午後Ⅰ問1設問3）

A **「融資先管理機能」（注：字数制限なしの出題）**

答はこれで良いとして。本問の「B銀行」のリストラは，企業再生ファンド「A社」の主導によるものです。
　首が回らないB銀行に代って情報システムの見直しも率いる**A社の姿**【→p135】**は，IPAの過去問題の中ではちょっと異色で，ちょっとかっこいいと思います。**

こう書く！

「技術開発」（R04秋AU午前Ⅱ問24選択肢ア）とくれば→**“バリューチェーン”が分類する事業活動のうち「支援活動に該当するもの」**の一つ。

2 **警備会社C社は，「家庭を対象にした，不法侵入などの異常を監視するセキュリティサービス**（以下，**家庭向けサービス**という）**」を検討した。**
アンケートで多かった回答は，「特に，**高齢者，子供がいる家庭を対象にした**，住宅や外出先における異常への対応や安否確認をする**サービスが欲しい。**」等。

Q **（注：C社の「営業部門が家庭向けサービスの」）営業活動において注力すべき対象を，15字以内で述べよ。** （H25秋ST午後Ⅰ問3設問2（1））

A **「高齢者や子供がいる家庭（11字）」**

答はこれで良いとして。C社はこのあとオプションサービスとして，「住宅や外出先における異常への対応」を実現できる，ボタンを押せばC社に通知される携帯型の端末の開発を考えています。
　また，「安否確認」を実現できる，「警備員が高齢者の住宅に出動して安否を確認するサービス」も考えています。

こう書く！

「PLM（Product Lifecycle Management）」とくれば→「**自社製品の設計図や部品表などのデータを**，企画段階から設計，生産，販売，廃棄，リサイクルに至る**全工程で共有**し，製品開発力の強化，設計作業の効率化，在庫削減を目指す取組のこと」（R04秋ES午前Ⅱ問25選択肢イ）

3 **印刷会社 B 社の「写真事業」では,**「近年高性能化したスマートフォン内蔵カメラの普及によって,**かつてよりも**（注：勤務する）**カメラマンの稼働率が下がっている**」。
「**B 社は人的リソースの有効活用を事業課題とし，一層のビジネス拡大に向けて**，潜在顧客として写真撮影の機会が多いと思われる**小中学校を対象としてニーズの有無に関する調査を行った**」。

Q **B 社が新規ビジネス立ち上げによって対応しようとした，写真事業における事業課題の背景となる問題は何か。15 字以内で述べよ。**

(R03 春 ST 午後 I 問 3 設問 2（1))

A 「カメラマンの稼働率低下（11 字)」

他の正解らしき文字列は，例えば**「スマートフォン内蔵カメラの普及」や「人的リソースの有効活用」ですが，これらはバツ**です。

B 社での事業課題は「人的リソースの有効活用」なので，**“人的リソースが有効活用されていない”話を，本文中から見つけて下さい。**

こう書く！

「経済産業省と IPA が策定した **“サイバーセキュリティ経営ガイドライン（Ver2.0）”**」とくれば→「経営者が認識すべきサイバーセキュリティに関する原則と，**経営者がリーダシップを発揮して取り組む**べき項目を取りまとめたものである。」（R04 春 SC 午前Ⅱ問 9 選択肢イ）

4 家電メーカ**P社が発足させた「インターネット販売システム開発プロジェクト」の目的**は，「要求が満たされないと顧客は簡単に競合相手に移ってしまうので，**P社として，顧客からの要求に対して，競合相手と比べてより迅速に対応できるようにする。**」等。
1.6ページ略，同プロジェクトの「スケジュールとその管理方法」の記述は，「**・競合相手のWebストアは，1年に1～2回程度のリリースであるのに対して**，P社のWebストアは，②リリースのサイクルを3か月に1回とした。」等。

Q **本文中の下線②の狙いは何か。顧客の特性を考慮し，30字以内で述べよ。**
(R03秋AP午後問9設問2（1))

A **「顧客からの要求に競合相手より迅速に対応すること（23字)」**

設問で指定された「顧客の特性を考慮し」という表現に気を取られ，**“要求が満たされず，顧客が競合相手に移ってしまうことを防ぐ狙い”と書いてしまうと，採点者からの“せっかく「競合相手のWebストア」に対して，と引き合いに出したのだから，競合相手と比べる話を書いてよ！”というツッコミを受けます。**

こう書く！

適切な，「官民データ活用推進基本法などに基づいて進められている**オープンデータバイデザインに関して，行政機関における取組**の記述」とくれば→「対象となる**行政データを，二次利用や機械判読に適した形態で無償公開することを前提**に，情報システムや業務プロセスの企画，整備及び運用を行う。」(R04春ST午前Ⅱ問1選択肢エ)

5 本問の**「顧客」は，タクシーの利用者（乗客）**を指す。

………

タクシー会社の「A 社は，こうした（注：厳しい）事業環境の中でも**収益を伸ばすために**，顧客が乗車した状態（以下，実車という）で走る距離の走行距離全体に対する割合である**実車率の向上，及び顧客の利便性の向上に取り組む目的で**，IT を活用した**新サービスを検討することにした**」。
次ページ，**「A 社が新サービスを提供するために構築した**，ビッグデータと AI を活用できる**サービスプラットフォーム**を図 1 に示す」。図 1 は省略。

Q **（略）A 社が収益を伸ばすために，サービスプラットフォームを<u>構築した目的を二つ</u>，それぞれ 10 字以内で述べよ。** (R03 春 ST 午後 I 問 1 設問 1)

A **【順不同】「実車率の向上（6 字）」「顧客の利便性の向上（9 字）」**

DX 絡みの出題。**本文を文字列「目的」で検索すると，「<u>実車率の向上</u>，及び<u>顧客の利便性の向上</u>に取り組む目的で，」という記述**がヒットします。
そして，**本文中の記述を<u>逆順に読むと</u>，こう**です。

① **「サービスプラットフォーム」は，「A 社が新サービスを提供するために構築した」もの。**
② A 社が**「新サービスを検討することにした」目的は，「実車率の向上，及び顧客の利便性の向上」。**
③ **「実車率の向上，及び顧客の利便性の向上」によって，A 社は「収益を伸ばす」。**

…なので本問，“ 国語の問題 ”だったとも言えます。

補足

上記は出題を物語スタイルにするための作り話でしたが，**この A 社は自力でプラットフォームも作っています。**一方，今のタクシー業界の流行として，**Twitter の“スペース”や LINE の“オープンチャット”の場を使い，地域内のドライバ同士が“水揚げ”情報を直接やり取りする**，といったことも行われます。
現実問題としては，**なんでも自社で作ろうとせず，既存のプラットフォームの活用**も視野に入れましょう。

3 **洋食レストランを営むT社のホールスタッフは**，「閉店時刻に近づくにつれて，**余っている食材を使ったメニューアイテムを客に勧める，といったことができていない。オーダの取り方に工夫が必要である**」。
近年普及する「クラウドコンピューティングサービスによる**レストラン向けオーダエントリシステム**」では，「**主要食材の残量などの情報がリアルタイムに表示できる。**T社は，このシステムを導入するつもりである」。

Q **（注：「オーダエントリシステムから得られる情報を使って，ホールスタッフが行うべきことについて，」）オーダを受けるときに，食材のロス率の低減に寄与できることを，35字以内で述べよ。** （H26秋ST午後Ⅰ問3設問2（1））

A **「余りそうな食材を使っているメニューアイテムを客に勧める。（28字）」**

答は本文ほぼ丸パクリ，これで良いとして。
今はフードロス削減やSDGsとかで，「食材のロス率の低減」への取組みそのものが，お店のよい宣伝となります。
多くのファミリーレストランが採用する“セントラルキッチン”方式なら，余りそうな食材は冷凍したままにもできます。ですが**本問のT社にはこだわりがあって，シェフは「卸売市場の仕入先まで出向いて，良質の食材を仕入れている」そうです。**余らせるなんて，もったいないです。

こう書く！

「**マルチサイドプラットフォーム**のビジネスモデル」とくれば→「顧客価値を創造するために，複数の**異なる種類の顧客セグメントをつなぎ合わせ，顧客セグメント間の交流を促進する仕組みを提供する**モデルである。」（R04春ST午前Ⅱ問12選択肢ア）

4 **洋食レストランを営むＴ社では，「ピーク時には，ホールスタッフが**客の食事の進み具合を見守る余裕がなくなり（略）**“品出し**（注：しなだ・し）**が遅れている事情を説明しない”など，客に対する心遣いが十分にできなくなっている」。**
次ページ，近年普及する「クラウドコンピューティングサービスによる**レストラン向けオーダエントリシステム」では，**「メニューの品出し実績，ちゅう房のオーダの調理待ち状況，**オーダごとの滞留時間**（略）**などの情報がリアルタイムに表示できる。**
Ｔ社は，このシステムを導入するつもりである」。

Q **（注：「オーダエントリシステムから得られる情報を使って，ホールスタッフが行うべきことについて，」）<u>オーダごとの滞留時間を判断して，客に対処すべきこと</u>を，30字以内で述べよ。** （H26秋ST午後Ⅰ問3設問2（3））

A **「品出しが遅れそうな場合は，客に事情を説明する。（23字）」**

本文中に**問題視されそうな話を見つけたら，それは答に“（…という問題点）の，反対のことをすれば良い。”と書かせる前触れ**です。

Ｔ社では，料理の提供が遅い時に「“品出しが遅れている事情を説明しない”など，客に対する心遣いが十分にできなくなっている」そうです。なので**答の粗筋は，“「品出しが遅れている事情を説明しない」という行いの，反対のことをすれば良い。（38字，字数オーバ）”**です。この意味を崩さないよう，そして，**整った日本語で，制限字数内に収めて下さい。**

こう書く！

「インバウンドマーケティング」とくれば→**「自ら主体的に情報を探しに来る顧客に対して，**自社の商品・サービスに興味をもつコンテンツを制作し，**情報発信し続けるマーケティング」**（R04春ST午前Ⅱ問7選択肢エ）

5 **D社のX部長は，観光地の「保養所を活用した観光ホテル事業を考えた。**
1.4ページ略，**近隣エリアの「複数の保養所を一体化して運営する上での課題**は，顧客に対するサービスの品質を低下させないことと，人件費全体の縮小である」。「宿泊客の増加が予想されるので**スタッフ職従業員**（以下，**スタッフ**という）**が不足する**」。**「当初，スタッフは各保養所に固定で配置する計画であった。**その後の検討によって，スタッフの稼働予定及び実績を管理する**スタッフ稼働管理システムを導入し，保養所ごと，時間帯ごとにスタッフの繁閑具合を可視化することにした。**⑤このシステムの導入によって，顧客の予約状況からスタッフを配置するよう計画を見直すことができる」。

Q **本文中の下線⑤について，スタッフの配置をどのようにしたらよいか。30字以内で述べよ。**
（H31春AP午後問2設問5）

A **「保養所全体でスタッフを最適配置する。（18字）」**

「当初，スタッフは各保養所に固定で配置する計画」だったのがマズかったので，改善するには**反対のこと（＝固定ではなく配置する）を書きましょう。**

ですが，**ただ“保養所間でスタッフを移動させる。”と書いても，これだと採点者にとっては下線⑤に見られる「顧客の予約状況からスタッフを配置する」との見分けがつきにくく，良くても△（半分加点）**です。

マルを期待するには**“一歩引いた視点で全体を見渡す”旨，アカデミックに書くなら複数の保養所間で“全体最適を図る”旨**も欲しいところ。

ベタな表現ではあっても，“忙しさ次第で，近隣エリアの保養所間でスタッフを融通し合う。（29字）”と書けば，全体最適を図る旨も読み取れます。

6 **小売業R社では「ネット通販を強化することにし,** 取組に当たっての方針」として,**「・画像だけでは顧客が商品の良さに気付かず,購入に至らない場合があるので,対策をする。」**等を定めた。
R社では**「体験重視の販売促進」として,ネット通販で「顧客の閲覧は多数あるものの売上げが伸びていない商品については,**（注：実際の店舗で）使用感や使用方法などを体験する無料の体験教室を開催し,**顧客が実際に商品に触れたり使ったりできるようにする」**。

Q **体験重視の販売促進に取り組む狙いは何か。30字以内で述べよ。**

（R03春ST午後Ⅰ問2設問2（3））

A **「顧客が良さに気付いていない商品の紹介機会を増やす。（25字）」**

ネット通販で「顧客の閲覧は多数あるものの売上げが伸びていない商品」とは,例えば**“バズったけどネタとして消費されただけの商品”**です。
せっかくバズった商品を,**ネタ枠から実際に買ってもらえるポジションに移すには,実はこの商品は“使える”と気付いてもらう施策が効果的。**実店舗や展示会,ショールームなどで実物に触れる機会を作るのは,有効な策です。
他にも問題冊子の記述からは,こんな出題も考えられます。

Q **体験教室を開けないぐらいに狭い店舗での実施策は？**

A 問題冊子の記述を踏まえさせ,**「この様子を撮影した動画を店舗のディジタルサイネージで表示する。」**と書かせる。

本文中のヒントによっては,ARやメタバースを答えさせるかもしれませんね。

7 **小売業のR社では，店舗での「品切れ時には取り寄せの対応をするが，**入荷するまで時間が掛かったり**顧客が再来店しなかったりして，顧客，店舗とも不満がある」。**
R社では「ネット通販を強化することにし」た。「顧客が店舗で気に入った商品を見つけたものの，その店舗にはないサイズや色の商品であり，かつ，**他店舗や配送センタに在庫がある場合は**，店舗間で調整をすることで，**顧客はその店舗で注文，決済してネット通販の流通経路に乗せられるようにする」。**

Q **店舗にない商品でも他店舗や配送センタに在庫がある場合，ネット通販の流通経路に乗せて配送できるようにした狙いは何か。25字以内で述べよ。**

（R03春ST午後Ⅰ問2設問2（2））

A **「品切れ時にも顧客がすぐに購入できるから（19字）」**

この解答例，**“…顧客がすぐに入手できるから”とは言っていません。**
顧客がすぐにできるのは「購入」まで。顧客が購入済みなら，取り寄せ後に「顧客が再来店しなかった」としても，原則，お金の取りっぱぐれはありません。
なお**本問のケースでは，店舗の店員が“ネット通販に売上げを取られた！”と怒らない仕組み作りも大切**です。本問のR社では，**顧客が来店した「当該店舗の売上げ**とみなして，店舗のインセンティブにする」という仕組みにしています。

こう書く！

「インターネットのショッピングサイトで，商品の広告をする際に，商品の販売価格，商品の代金の支払時期及び支払方法，商品の引渡時期，**売買契約の解除に関する事項などの表示を義務付けている法律」**とくれば→**「特定商取引法」**（R04秋AU午前Ⅱ問15選択肢ウ）

8 本問の**「顧客」はタクシーの利用者（乗客）**を指し，**「注文」は配車の手配**を指す。

……….

タクシー会社A社が構築した「サービスプラットフォーム」と連携する，タクシーの「ドライバ用の**車載タブレット端末アプリ**（以下，**車載アプリ**という）**では**，各種ビッグデータ情報を確認でき，また，**顧客がスマホから予約した注文を受け付ける**ことができる。**顧客は，スマホ向けに開発した配車マッチングサービスアプリ**（以下，**配車アプリ**という）**を使って予約注文する**ことができる」。
次ページ，**顧客へのアンケート調査で「多かった不満足な点は，地域によって**（略）**タクシーを呼べないこと**であった。A社は，この点について，**地域によっては，配車可能な車両台数が少ないことが原因**で，空車が配車アプリに表示されないと分析した。**A社は，この課題を解決することで，配車アプリの利用者を増やし，A社の顧客も増やそうと考えた**」。

Q **A社が，車載アプリとサービスプラットフォームの利用料を無償で提供して，提携先（注：…のタクシー会社）を多く確保しようと考えた具体的な狙いは何か。35字以内で述べよ。** （R03春ST午後Ⅰ問1設問4（1））

A **「配車可能な車両を増やし，配車アプリの利用者とA社の顧客を増やす狙い（33字）」**

加点のための大原則は，“パクれる表現はパクる”。
答の着地点を“（…という）狙い”に定めた上で，出題者がヒントとして与えた「不満足な点」の考察，「**地域によっては，配車可能な車両台数が少ないことが原因**で，空車が配車アプリに表示されない」を流用しましょう。**今回はポジティブな話を答えるので，“「配車可能な車両台数が少ないこと」の逆”を書きます。**

なお，問題冊子の別の場所には，A社の「サービスプラットフォーム」がもつ「**AIが，蓄積されたビッグデータを用いて，予測と実績のかい離を分析する**（略）ことで，予測の精度を向上させていく」という表現も見られました。**この表現に引っ張られて“より多くの教師データを得る狙い”と答えると，本問ではバツ**でした。

また，A社の考えを適切に表せるからと言って，**用語“ネットワーク外部性（network externality）”だけを答えても，加点は見込めません。**

加点のための大原則は，“パクれる表現はパクる”。これです！

9 本問の**「空車」はタクシーに顧客（利用者，乗客）が乗車していない状態**を，**「実車」は顧客が乗車した状態**を指し，**「実車率」はタクシーが実車で走る距離の走行距離全体に占める割合**を指す。

……….

タクシー会社A社での〔新サービス検討の背景〕の記述は，「・駅前などのタクシー乗り場は，**空車が集中して効率よく顧客を獲得できない。**」等。
次ページ，**A社が構築した「サービスプラットフォーム」と連携する**，タクシーの「**ドライバ用の車載タブレット端末アプリ**（以下，**車載アプリ**という）では，各種ビッグデータ情報を確認でき」る。
同プラットフォームが行う「需要予測サービスでは，車載アプリの地図情報に実車確率が高い場所が分かるよう色分けを表示する。また，車載アプリ上の**色分けされた地図情報には，他の空車の位置情報も**（注：**リアルタイムで**）**表示される**」。

Q **車載アプリに，<u>他の空車の位置情報をリアルタイムで表示する理由</u>は何か。40字以内で述べよ。** (R03春ST午後I問1設問2（1))

A **「<u>空車が集中していない場所に移動する</u>ことによって，実車率を向上させたいから（36字）」**

いわゆるヒートマップ，「地図情報に実車確率が高い場所が分かるよう色分けを表示する」ことで，乗務中のタクシードライバにも確認しやすくなります。

そしてこの「需要予測サービス」，魚群探知機みたいなものです。**車載アプリの表示では，“水揚げ”を期待できる場所の色分け表示と，「他の空車の位置情報」とを組み合わせます。**

巨大イベント会場の客をピストン輸送するような“入れ喰い”なら別ですが，**本文によると，空車が集まる場所には近寄らない方が，顧客（乗客）を効率よく拾えそう**です。それが読み取れる記述は，本文中の「・駅前などのタクシー乗り場は，**空車が集中して効率よく顧客を獲得できない。**」という部分です。

…というわけで，本問のシステムがうまく動けば，タクシードライバは，**「実車確率が高い場所」かつ，空車のタクシーが少なそうな場所を（地図上の「他の空車の位置情報」によって）絵的に把握しながら，その場所を狙っていく**という戦術がとれます。

10 **コンテンツ制作を事業とする「C 社**は，多くの広告代理店から，図，写真及び文章から成るコンテンツ制作の案件を受注している」。
次ページ，「**コンテンツは，素材となる幾つかのコンテンツ部品**（以下，**部品**という）**を組み合わせて制作する。**部品は**複数の社外のデザイナに分けて外部委託する**ことが多い」。**現状は「異なる案件で類似の部品が必要となった場合でも，改めて部品を制作することになり**，（略）契約や関連資料の授受といった**事務手続のための社内工数が掛かっている**」。
「そこで，ブロックチェーン（分散型台帳）技術を応用したシステムを構築して，**著作権は社外の各デザイナに留保させたままにして**（略）**部品を融通させる新たな取組み**を試行することにした」。「**この仕組みによって**，著作権を保有する社外のデザイナから部品を購入することができるようになるので，**改めて制作する必要も減り，**（略）**事務手続のための社内工数の削減が期待できる**」。

Q **C 社や取引先の間で部品を融通する仕組みに取り組むメリットは何か。C 社のメリットと社外のデザイナのメリットを，それぞれ 30 字以内で述べよ。**
(H30 秋 ST 午後 I 問 3 設問 1（1))

A **【C 社】「事務手続のための社内工数が削減できること（20 字）」，【社外のデザイナ】「過去の部品の再利用が可能になること（17 字）」**

正解はこれで良いとして。
問題冊子によると，「C 社は，この試行が成功したら，参加取引先を拡大させて，“コンテンツ流通のプラットフォーム運用事業”として事業化する予定である。」とのこと。**この，NFT（非代替性トークン）や Skeb のサービスを思わせる出題が平成 30 年（2018 年）には作られていた**という，出題者には未来が見えていたようです。
余談ですが，C 社が現状，「**異なる案件で類似の部品が必要となった場合でも，改めて部品を制作する**こと」とする**理由は**，C 社の「社内のデザイナのセンスや編集スキルでは**部品のテイストが損なわれる可能性もあるので，納品された部品の形状や位置を C 社で変更することはない**」**から**だそうです。社外のデザイナに対して，**とても律儀な会社です。**
あと，コンテンツ作りの話なので“**製作**”ではなく“**制作**”と書いてあるのも**プロの仕業**です。この出題者，やりますね。

11 **X 社での〔事業継続計画の検討〕**の，表 2（BCP の方針）中の記述は，「**災害発生時には**，社長を対策本部長とする**対策本部を設置し**，意思決定機関としてBCP の実施を指揮する。**対策本部長の下に生産，販売といった機能別のチーム体制を編成し，情報システム部からは T 部長が対策本部に加わる。**」等。

Q **〔事業継続計画の検討〕において対策本部を設置するとしているが，災害発生当初に関係者全員を招集できるとは限らない。このような状況を考慮した上で考えられる，対策本部の要員配置に必要な検討内容を，35 字以内で述べよ。**

（H25 秋 SM 午後 I 問 2 設問 1）

A **【内一つ】「予定された要員を招集できない場合に備えて代替要員を定める。(29 字)」「要員が不足する場合は，招集できた要員で役割分担を決める。(28 字)」**

本問の元ネタは，経済産業省の『事業継続計画策定ガイドライン』。

解答例の二つの表現は，同文書の「**3.3. BCP 発動フェーズにおける対応のポイント**」－「(3) 要員の配置」**の記述**，「緊急時当初に安否確認ができた要員で，緊急対策本部および各対策チームの設置を行う。**計画で予定された要員が招集できない場合に備えて副要員を定めておく**とよい。正副の**要員が不足する場合には，招集できた要員で改めて役割分担を決める**必要がある。」**の，太字で示した各部分**から作られたものです。

引用：『事業継続計画策定ガイドライン』（経済産業省 [2005]p21）

こう書く！

「API エコノミー」の例とくれば→「ホテル事業者が，**他社が公開している**タクシー配車アプリの **API を自社のアプリに組み込み，サービスを提供**した。」（R04 秋 AP 午前問 70 選択肢エ）

パターン3 「拡張性は“クラウド”」系

“クラウドサービスの採用に，なにを期待したか？”とくれば，答の筆頭は“拡張性の高さ”。事業拡大に見合った形で情報システムを増強したい，というスモールスタートな進め方にもクラウドは向きます。

1 産業機械メーカ**A社の〔IoT関連事業の中期計画〕の記述**は，**「今後5年間で**（注：A社が設立する**子会社**）**B社の売上をA社の現在のIoT関連事業の売上の5倍程度の規模までに拡大**し（略）」等。
1.8ページ略，A社PMのD課長が作成したプロジェクトのスコープは，「**・IoT関連事業の中期計画に基づき**，（注：「X社製のERPソフトウェアパッケージ（以下，Xパッケージという）」を用いた）**B社基幹システムの稼働後に** d **を可能にするため，クラウドサービスを利用**してXパッケージを運用する。」等。

Q **本文中の** d **に入れる，B社基幹システムの稼働後に可能とする事柄を，35字以内で述べよ。** (H30秋AP午後問9設問2（2))

A **「今後の売上規模の拡大にあわせて，柔軟にシステムを拡張すること（30字)」**

本問を答える前提として，**“クラウドサービスは一般に，柔軟な（elastic）拡張性をもつものだ。”という知識が必要**です。

表裏一体，“拡張性が欲しい”と“クラウドの採用”

クラウドサービスがもつ拡張性を利用し，稼働後にも最適となるよう随時見直す他の出題例には，【→p256】もあります。

2 **「G社におけるシステム開発プロジェクトの課題」は**，「・新事業の運営には大きな不確実性があるので，**システム開発に伴う初期投資を抑える必要があること。**」等。

次ページ，G社PMのH氏らは，**「次のような特徴をもつクラウドサービスの利用が課題の解決に有効である**と考え」た。

・「①使用するサービスの種類やリソースの量に応じて課金される。」

Q **（略）使用するサービスの種類やリソースの量に応じて課金されるクラウドサービスを利用することにした狙いは何か。30字以内で述べよ。**

（R03秋PM午後Ⅰ問1設問1（1））

A **「システム開発に伴う初期投資を抑えるため（19字）」**

文字列「課題」で本文を検索すると，「システム開発に伴う初期投資を抑える」旨が見つかります。

そして **“クラウドサービスの利点”ときた時の，答え方**は下記。

- **導入や立上げの利点，とくれば“リードタイムの短さ”**
- **柔軟な拡張性，とくれば“スモールスタートに向く”**
- **機器を自組織に置かない，とくれば“システムの廃棄も容易”**
- **複数のリージョン，とくれば“被災時の可用性も高められる”**

クラウドがもつ“柔軟な（elastic）拡張性”に着目させる出題例，【→p126】と【→p246】もご覧ください。

パターン4 「知財戦略」系

知財に関する出題では，その正解の文字列を，本文をヒントに自力で作らせるものが多いと言えます。本文中のヒントを“これがヒントだ！”と見抜くためのコツを，本パターンの例題で得て下さい。

1 **義手の製造メーカ「D社は，次に開発する**（注：**動きの**）**自由度の高い義手について**，信号処理及びモータ制御が要素技術として必要になると見越して，これらの技術研究を進める方針を策定した。また，**将来は保有技術を他市場に生かして事業を拡大することが必要になると考えている**」。
次ページ，**動きの「自由度の高い義手の技術は**（略）**遠隔操作ロボットハンドとして**，さらには（略）テレイグジスタンス技術としても**利用できる可能性がある**」。

Q （注：D社の）E氏が，遠隔操作ロボットハンドを手掛ける国内会社に技術供与の提案を進めるべきと考えた目的は何か。25字以内で述べよ。

（R03春ST午後Ⅰ問4設問3（3））

A 「保有技術を他市場に生かして事業を拡大する。（21字）」

E氏が進めるべきだと考えたのは**「技術供与」。モノを量産するよりは，ライセンス等のIP（知的財産）で儲ける形**です。

なお，今回は引用しなかった本文中の表現，「**義手は**，ほかの福祉機器と比べ，国内において対象者が少ないことから，**需要が少なく量産化によるコストダウンや売上拡大が期待できない。**」**に引っ張られて“量産化によるコストダウンや売上拡大”を答えてしまうとバツ**でした。**本問の設問文では「技術供与」の話を，言い換えると，モノの量産よりはIPで儲ける話を答えるよう**促しています。

2 Q社では「ネット通販限定で，試作品を用いてテストマーケティングを実施する。ただし，**他社にアイディアやネーミングを模倣されるリスクがある**ので（略）実施する前に**そのリスクに対処するための**②施策を講じる」。

Q **本文中の下線②について，リスクに対処するために事前に講じておくべき施策は何か。10字以内で答えよ。** （R03 秋 AP 午後問 2 設問 2（1））

A **「特許や商標の出願（8字）」**

本文中の，他社に模倣されるのがイヤだという「アイディア」「ネーミング」それぞれを守るのが，解答例の「特許」と「商標」です。

出題者はこうやって，**受験者に答えてほしいことのヒントを，本文や図表，図表のただし書きなど，どこかに埋め込んで出題します。**

話のついでに『[新版] グロービス MBA ビジネスプラン』では，**特許や商標をビジネスに役立てるまでの，筋道の付け方**を示していました。下記に引用します。

- 特許／商標申請は終了しているか？ 取得済みか？
- 取得形態，取得者はどうなっているのか？
- 当該特許による競争優位の確立は，どの程度可能か？

同書では，「**技術系，ハイテク系のベンチャーでは，この部分はきわめて重要**なため，詳細な説明や特許の取得状況のほか，**競合の特許取得や出願状況も併せて十分な調査がなされていることが望ましい。**」とも述べています。

引用：グロービス経営大学院『[新版] グロービス MBA ビジネスプラン』（ダイヤモンド社 [2010]p34）

3 「**E社は，飲料用自動販売機メーカ**で，販売先は**酒類と清涼飲料の製造・販売を行うG社**である」。
2.1ページ略，G社の経営者はE社側に，「G社の商品を扱う**近隣の販売店，飲食店などの提携店を優先的に**（注：**自動販売機に表示し**）**紹介する機能**（以下，**提携店優先紹介機能**という）」を提案してきた。

Q **E社が，飲料以外の自動販売機向けにライセンス料収入の獲得を目的とし，他の自動販売機メーカに，G社との共同出願特許である提携店優先紹介機能をもつ自動販売機の製造・販売を許諾するに当たって，あらかじめ行っておくべきことを，15字以内で述べよ。** （H24秋ST午後Ⅰ問4設問3）

A **「G社の同意を得ておく。（11字）」**

書いた答から“**事前にG社にも話を通しておく。（15字）**”**の旨が読み取れたら，マル**です。
「提携店優先紹介機能」は**「G社との共同出願特許」**です。なので，勝手にE社だけで（またはG社だけで）第三者にその許諾を与えてしまうと“**他方に迷惑がかかる**”**と気づけば大成功**です。

こう書く！

「中間在庫を極力減らすために，生産ラインにおいて，後工程が必要とする部品を自工程で生産できるように，**必要な部品だけを前工程から調達する。**」（R04春AP午前問72選択肢ウ）とくれば→「“**かんばん方式**”を説明したもの」

パターン5 **「業務改善 IT まかせろ」系**

これこそ AP 試験［午後］問 2 の正統派。皆様がもつ IT の知識を駆使して“世に役立つ仕掛けを作れるか？”を試してくるのが本パターンです。
なお本パターンの 7 問目は，組織内の業務をムリに ERP に合わせることの弊害を答えさせるもの。同じ構図は AP［午後］問 9（プロジェクトマネジメント）にも出てきます。詳しくは【→第 3 章パターン 7「融通きかない ERP」系】をご覧下さい。

1 ホームセンタ M 社のリフォーム事業では，**リフォームの「工事開始後，リフォーム担当者と施工責任者は，客先に出向いてリフォームプランと現場の状況を見比べ，工事の進捗状況を確認する」**。その**課題として**，「リフォーム担当者は（略）**施工責任者との日程調整に手間取る**場合がある」。
1.6 ページ略，**M 社での新たな業務は，「・工事期間中は，リフォーム担当者が客先に出向き，**（注：**写真が撮れる**）**タブレット端末を活用して**（注：**客先には出向かない**）**施工責任者と連携して工事を管理する。」**等。

Q **施工責任者がリフォーム担当者と連携して工事を管理する際に，リフォーム担当者と共有して参照する情報を 25 字以内で述べよ。**

（H26 秋 ST 午後Ⅰ問 2 設問 2（2））

A **「写真撮影した工事の内容と進捗状況（16 字）」**

M 社での業務の効率化，**考えられる方向性は下記の二つ**です。

> ①「施工責任者との**日程調整**」**の事務的な手間を効率化する。**
> ②**「タブレット端末」の写真で済ませ，現場に行かなくてもよくする。**

出題者は“今回は②で答えて欲しい。”と願っています。その根拠となる記述は，M 社が**新たに，写真が撮れる「タブレット端末を活用して**（注：**客先には出向かない**）**施工責任者と連携して工事を管理する。」**という部分です。

2 **卸売業者 D 社の「販売管理システムは，顧客からの注文の（略）注文回数を制限していないので，少量，多頻度の配送となってしまっている**顧客も多い」。

Q **顧客への配送を見直すことで費用を削減できる可能性がある。どのような検討が必要か。40 字以内で述べよ。** (H24 秋 ST 午後 I 問 3 設問 4)

A **「注文回数が多い顧客について，まとめて配送が可能かどうか検討する。(32 字)」**

引用を省きましたが，同システムでは「登録された**受注情報を**（注：D 社の）**それぞれの物流センタに**仕分けし，本社から **1 日に 1 回まとめて送信する**」そうです。**まとめて配送する，情報システム面の準備は整っていました。**

コラム 漢字かきとりテスト（経営戦略編）

AP 試験の［午前］は通過で当然。**試験の合否は，ほぼ［午後］の " 書かせる " 出題の出来で決まります。**

答案用紙の限られたマス目に，いかに答を押し込むか。漢字をちゃんと書けると，制限字数内で答を書ける確率が飛躍的に高まります。

1. その機能こそが きょうそう ゆういせい の源なので，自社開発します。
2. 製品の あらり 率が高く，前倒しで げんか しょうきゃく ができそうだ。
3. へんどうひ りつ と，固定費である じんけんひ の，よくせい を図ろう。
4. システム化の こうそう 段階で，担当者の かどうりつ 向上策を考えた。
5. " 営業秘密 " の 3 要件は，秘密管理性，ゆうよう 性，ひ こうち 性。
6. 名前をパクられたくないから，とっきょ 庁に しょうひょう とうろく した。

………

【正解】1．競争優位性　2．粗利，減価償却　3．変動費率，人件費，抑制　4．構想，稼働率　5．有用，非公知　6．特許，商標登録

3 **洋食レストランR店**のS氏**が来店客に実施したアンケートでの，好評点**は下記等。

・「**スマートフォンで稼働するアプリケーションソフトウェア**（以下，**携帯アプリ**という）**を使って予約できる**のは，便利である。」

・「**会計時に，スタンプカードにスタンプを押してもらって，スタンプが一定数たまると，料理が一品無料になる**などの特典は，お得感があってうれしい。」

同，**不評点**は下記等。

・「**スタンプカードを忘れた場合に，スタンプがたまらない**のは不便である。」

2.4ページ略，S氏が立てた**改善策は，「・スタンプカードの不便さを解消するために，既存の情報システムを活用して，**［ e ］。」等。

Q **本文中の**［ e ］**に入れる**<u>**適切な字句**</u>**を，30字以内で述べよ。**

（H30秋AP午後問2設問3（2））

A **「携帯アプリにスタンプカードの代替機能をもたせる（23字）」**

S氏が活用したい「既存の情報システム」とは，「スマートフォンで稼働するアプリケーションソフトウェア（以下，**携帯アプリ**という）」**を指す，と気づけば大勝利。**本問，ここについでに「スタンプカード」機能も盛り込めば解決しそうです。

なお，空欄eの後ろに「。」があるので，**書く答の最後にマルは不要**です。

こう書く！

「PBP（Pay Back Period）」（R04春AP午前問64選択肢ウ）とくれば→「IT投資効果の評価方法において，キャッシュフローベースで**初年度の投資によるキャッシュアウトを何年後に回収できるか**という指標」

4 **小売業 R 社の店舗では**，商品の「ブームが終わって長期間在庫として残ってしまった場合は，値引きしてでも売り切りたいと考えている」。
「R 社では，**店舗ごとに達成すべき幾つかの目標値**（略）**の一つに店舗の粗利率があり，店長はこの達成状況を常にモニタリングしている。**店舗では，商品を値引き販売する場合には（略，注：本社の承認に）時間が掛かることから，すぐに価格設定できず，販売機会を逃している」。
次ページ，**R 社では「店長の裁量で店舗ごとに柔軟に販売価格を変更できる仕組みにする。価格設定に当たっては，店舗で損益シミュレーションをできるようにする。**変更された販売価格はすぐに売場の電子棚札に表示させる」。

Q **店舗で損益シミュレーションができる機能を（注：本社が）開発する理由は何か。25 字以内で述べよ。** （R03 春 ST 午後 I 問 2 設問 2（5））

A **「店長が店舗の目標粗利率への影響を確認するから（22 字）」**

設問文の区切りは，**決して"店舗で「損益シミュレーションができる機能」を開発する理由は何か。"ではありません。**なので，エンドユーザコンピューティングを答えてしまうとバツです。

本問の用語**「粗利率（あらりりつ）」は，売上高から原価を引いた値（＝粗利益）の，売上高に占める割合。**（売上高 − 仕入れ原価）÷ 売上高　で計算します。

そして**本文から抜き出して作れる正解候補は，他にも下記など**が考えられます。

①商品が「長期間在庫として残ってしまった場合は，値引きしてでも売り切りたい」から
②本社の承認に「時間が掛かることから，すぐに価格設定できず，販売機会を逃している」から
③「店長の裁量で店舗ごとに柔軟に販売価格を変更できる仕組み」とするから

ですが**この三つ，店長が達成状況を常にモニタリングするほど気にする「粗利率」には勝てません。**

5 **経営再建中のB銀行の「営業店系システムは**，支店内の端末，現金自動預払機（ATM）及び関連機器（以下，これらの機器を総称して**支店内機器**という），**並びに本支店ネットワークから構成され**」る。
B銀行の〔情報システムの見直しに関して考慮すべき条件〕の記述は，「情報システムの再構築後においても，**業績が悪い支店は，1～2年のうちに近隣の業績が良い支店に店舗統合していく予定である。**支店数を1割程度削減して，（略）**余剰となる支店内機器を含めて廃止する支店の資産処分によって，財務状況の改善を図る。**」等。

Q **営業店系システムの見直し方針として（注："共同利用システムの利用"や"ソフトウェアパッケージの利用"ではなく）"現行システムの再利用"を採用した理由には，既存支店網が多く，支店内機器・ソフトウェアを更新するにはコストが掛かること，及び再構築の優先度が低いことが挙げられる。その他に考えられる理由を，40字以内で述べよ。** (H26秋ST午後Ⅰ問1設問2)

A **「店舗統合を予定しているので，新規導入した支店内機器が無駄になるから（33字）」**

解答例の意味は，**"店舗統合を予定しているので，支店内機器を新規に導入しても，すぐに無駄となるから（39字）"**。答はこれで良いとして。
実は本問，黒幕に企業再生ファンドの「A社」がいます。「A社は，5年程度で**B銀行を再建した後，他の銀行に売却する**ことによって大きな差益が得られると考え」，**下記の事業戦略を立てました。**

【B銀行の企業価値を高めること】
「事業規模を維持しつつ，企業価値を高めるには，（略）**人員削減，組織改編，店舗統合，不良債権処理などを進める**とともに，情報システムの見直しが必要である。」
【B銀行の経営再建後の売却可能性を高めておくこと】
「経営再建後の**売却先候補が多くなるほど，高額での売却が期待できる**ので，（略）売却可能先を広げ，早期に企業価値向上への対応を完了させることを優先する。」

私には縁のない話を過去問題から学べて，ちょっとおトクでした。

6 本問の**「缶工場」は「缶飲料を製造するスマート工場」**。また，**「AGV」は無人搬送車（Automatic Guided Vehicle）**。

……….

缶飲料を製造する**D社での，図1（缶工場の構成）中の工程は，順に「缶詰装置」→「検査装置」→「梱包装置」**等。また，**缶工場の各装置やAGVを「コントローラ」が制御する。**

次ページ，缶工場では「通常は，コントローラが直接，装置とAGVとを制御して製造と搬送を行っているが，**装置とAGVは自律的にも動作できる。**例えば，**原料などが不足した装置は，前工程の装置又はAGVに自動的に補給要求を送信し，コントローラからの指示がなくても装置同士が連携して原料などを補給する**ことができる」。

Q **故障などが原因で梱包装置の処理能力が大幅に下がると，コントローラからの指示がなくても，缶詰装置の総生産量も下がると考えられる。その理由を25字以内で述べよ。**

（H30春ES午後Ⅱ問1設問1（2））

A **「後工程の装置からの補給要求が減るから（18字）」**

本問は，暗に“かんばん方式”の知識を問うもの。基本情報技術者（FE）試験［午前］での「“かんばん方式”を説明したもの（H29春FE午前問72）」の正解は，「ウ 中間在庫を極力減らすために，**生産ラインにおいて，後工程が自工程の生産に合わせて，必要な部品を前工程から調達する。**」でした。

なお本問は高度試験，エンベデッドシステムスペシャリスト（ES）試験からの引用です。なぜES試験で“かんばん方式”も問われたかというと，**IPAの試験では，上位の試験区分の知識の範囲は，下位の試験区分の範囲を全て含む**からです。

これに倣うと**AP試験の受験者は，FE試験・情報セキュリティマネジメント（SG）試験・ITパスポート（IP）試験の用語は全て知っていて当然，**ということです。もちろん**本問の“かんばん方式”も，その知識を応用できて当然，**という扱いです。

本書の読者様の大前提が“FE試験には合格済み”なのも，このためです。

7 本問の「C 社基幹システム」は，「C 社の本社や各工場で利用している情報システム」。

………

機械部品メーカ C 社での〔C 社の経営環境〕の記述は下記等。
・「C 社は，各工場で独自の製造ノウハウを多数もっており，各工場の業務プロセスや各工場に設置されている情報システムにこれらを反映させ，競争優位性を保っている。」
次ページの図 1（バリューチェーン）が示す「製造」等の諸活動について，D 課長は「C 社の経営環境から強みと弱みを分析した」。続く表 1 の内容は下記等。
・活動「製造」の強みは，「独自の製造ノウハウによって競争優位性を保っている。」
これらを基に D 課長が立案した計画は，「SaaS の ERP を導入し，カスタマイズは最小限にして極力標準機能を使用する」等。次ページで CIO から受けた指摘は，「・C 社の経営環境やバリューチェーン分析の結果を考慮すると，①ある活動については，C 社基幹システムの機能を ERP の標準機能に置き換えてよいかを慎重に検討すべきである。」等。

Q 本文中の下線①について，ある活動とは何か。図 1 中の用語で答えよ。また，CIO が慎重に検討すべきと指摘した理由を 40 字以内で述べよ。

(R03 春 AP 午後問 2 設問 3（3))

A 【活動】「製造」，【理由】「ERP の標準機能への置換えで各工場の競争優位性を失うリスクがあるから（34 字）」

ERP の導入では原則，ERP が提供する標準機能をベストプラクティスとして，そこに自社の業務プロセスを合わせ込みます。ですが C 社の場合は「各工場で独自の製造ノウハウを多数もっており（略）情報システムにこれらを反映させ，競争優位性を保っている」ため，無理に ERP に合わせてしまうと，せっかくの競争優位性を失う可能性があります。

なお本問，バリューチェーン分析についての他の設問（設問 2（1））では，C 社での活動「出荷物流」の強みとして「顧客の工場の近くに自社の工場があるので，配送時間が短くて済む。」を答えさせました。この正解の根拠は，本文中の「・競合他社はアジア地域に工場を設置しているケースが多いのに対し，C 社は国内外を問わず顧客の工場の近くに自社の工場を設置している。」という記述からです。

パターン6 「本文要約」系

本パターンは，ハードモード突入の【→本章パターン１「基本は“コピペ改変”」系】。ここに挙げた各例題を使って，本文中の要点を落とさないよう制限字数内に要約する，そのコツを得て下さい。

1 **D社のX部長は，観光地に保養所をもつ「所有企業と提携し，保養所を活用した観光ホテル事業を考えた」**。D社が所有企業に行った提案は下記等。

・「**所有企業の従業員は**，現行の保養所の料金のまま**一般宿泊客よりも優先的に予約**できる。さらに，**他社の魅力的な保養所**も**他社の保養所の料金で利用**でき，**楽しみが増える。**」

0.5ページ略，「D社の提案とこれらのビジネスコンセプトによって，③所有企業の従業員に対しては，値段，サービスなどの機能的価値とは異なる，新たな感情的価値を提供できる」。

Q **本文中の下線③について，提供できる新たな感情的価値を，25字以内で述べよ。**
(H31春AP午後問２設問４（1))

A 「他社の魅力的な保養所も利用できる楽しみ（19字)」

本問の元ネタは，ほぼほぼ“株式会社リロクラブ”。顧客企業間で福利厚生サービスを共有させるその一環として，他の企業等がもつ保養所にも泊まれる仕組みを提供しています。

そして本問，**答えるべきはエモさ。**安さや便利さではありません。

下線③を並べ替えると，“「所有企業の従業員に対して」「提供できる」のは，「値段，サービスなどの機能的価値とは異なる，新たな感情的価値」”です。

本問の事業で**D社から提供できる価値には，下線③でいう「機能的価値」**のうち，**「値段」面からは「他社の魅力的な保養所も他社の保養所の料金で利用でき」る**という価値が，**「サービス」面からは「現行の保養所の料金のまま一般宿泊客よりも優先的に予約できる」**という価値が，それぞれあります。

そして，**値段，サービスという「機能的価値とは異なる，新たな感情的価値」つまりはエモい価値とは，まだ使われていない本文中の言葉だと，「他社の魅力的な保養所」や「楽しみが増える。」といった価値**のことです。

解答例の表現は，この二つの「感情的価値」を述べたものです。

2 **「スマートフォンの企画，開発，製造，販売を手掛ける」B 社の C 課長が分析した，「B 社の外部環境及び内部環境」**は下記等。

【外部環境】

・「家電とつながる**スマートスピーカ**の普及が期待される。また，**医療や自動運転の分野で，新しい機器**の開発が期待される。」

【内部環境】

・「**B 社は自社の強みを製品の企画，開発，製造の一貫体制である**と認識している。これによって（略）**高い品質の製品を**迅速に**市場に提供できている。**また（略）複数の企業に分かれて企画，開発，製造するよりも**コストを抑えている。**」

C 課長が「環境分析の結果を基に」作成した**図 1（成長マトリクス）では，第 2 象限**（「新規」の製品を「既存」の市場・顧客へ）**には「スマートスピーカの製品化」**等が，**第 4 象限**（「新規」の製品を「新規」の市場・顧客へ）**には「医療機器の製品化」**等が示される。

C 課長は**「成長マトリクスを基に外部環境に加えて内部環境も考慮して検討した結果**，②第 2 象限と第 4 象限の二つの象限の戦略に力を入れるべきだと考えた」。

Q **本文中の下線②について，第 2 象限と第 4 象限の二つの象限の戦略に力を入れるべきだと C 課長が考えた内部環境上の積極的な理由を，40 字以内で述べよ。**

（R01 秋 AP 午後問 2 設問 3（1））

A **「企画から製造の一貫体制を強みに，低コストで高品質の製品にできるから（33 字）」**

本問の**「成長マトリクス」は“アンゾフの成長マトリクス”**です。

そして**本問の答は，【内部環境】の記述の要約です。**コピペ改変のスキル，特に**“文字列圧縮”の練習用にと，本問を載せました。**

本問には続きがあります。B 社の【内部環境】には「**・B 社は医療や自動運転の分野の市場には販売ルートをもっておらず，**これらの市場への参入は容易ではない。」**という消極的な表現も見られ，**「しかし，その後③第 4 象限の戦略に関する B 社の弱みを考慮し，**第 2 象限の戦略を優先すべきだと考えた。**」が続きます。

これらを読ませた上で，設問 3（2）では**「下線③の B 社の弱みとは何か。」**を問いました。**答はもちろん，B 社には「医療や自動運転の市場には販売ルートがないこと」です。**

3 **スナック菓子の製造・販売会社Q社の「R課長は，次のような3C分析を実施した」。**

・3Cのうち**「顧客・市場」の観点からは**，「・オフィスでおやつとして食べたり，持ち歩いて小腹のすいたときに適宜食べたりするなど，**スナック菓子に対する顧客ニーズが多様化している。**」，「・顧客の健康志向が高まっており，**自然の素材を生かすことが求められている。**」等。

・3Cのうち**「自社」の観点からは**，「・食品の素材に対する専門性が高く，**自然の素材を生かした加工技術をもつ。**」，「**・新たな利用シーンに対応する商品開発力をもつ。**」，「・商品の種類の多さや**見た目のかわいさなどが中高生から支持**されており，熱烈なファンが多い。」等。

R課長は「新商品のターゲティングとポジショニング」として，「普段あまりスナック菓子を食べていない，**健康志向の20～40代の女性**」**に対して**，「**"素材にこだわるという付加価値"を維持しつつ**，①"今までとは違う時間や場所で食べることができる機能性"というポジショニングを定める。」のように定めた。

Q **本文中の下線①について，このポジショニングに定めた理由は何か。顧客・市場と自社の両方の観点から（注：意味は"…両方の観点が読み取れる一文で"），本文中の字句を用いて40字以内で述べよ。** （R03秋AP午後問2設問1（2））

A **「顧客ニーズの多様化に対して，新たな利用シーンに対応する商品開発力をもつから（37字）」**

アタマ使うな本文コピペ。**設問に「本文中の字句を用いて（略）述べよ。」とあれば，その意味は"本文をコピペ改変せよ。"**です。

ところで本問，**スナック菓子の「顧客・市場」，つまり私たち買う側の観点から**は，こうです。

・"どこでも食べたいし，自然派でヘルシーだといいよね。"

そして**Q社の「自社」の観点から**は，こうです。

・"自然派の素材も任せて。作れるよ。かわいいしか勝たん。"

それで**R課長が狙ってきたのは，"学生の頃にQ社のかわいいやつの世話になって，そのまま社会人になった（私みたいな）人"**ですよ！

だから，**書くべき答の粗筋も"自然派ヘルシー，ちょい食べできるやつを，Q社なら作れるから"**…なんですが，**アタマ使うな本文コピペ。**この文意を変えずに，**本文中の字句を使って，文を組み立てて下さい。**

パターン７ 「マーケティング」系

街づくりからレストランのメニューまで，マーケティングのセンスを問うのが本パターン。ですがAP試験［午後］問２（経営戦略）で書かせる場合，その多くが，本文中からのコピペ改変です。

1 スナック菓子の製造・販売会社**Q社のR課長が定めた「今後のマーケティング戦略」は，「希少価値によって話題を集めることで，顧客の購買意欲を高める。」**等。

次ページの**「(5) 新商品の市場導入」では，下記を実施予定**である。

・「テストマーケティング後に，新商品Eを顧客向けに販売する。」

・「③発売当初は，期間限定で出荷数量を絞った集中的なキャンペーンを実施する。」

Q **本文中の下線③について，Q社がこの施策をとった狙いは何か。本文中の字句を用いて40字以内で述べよ。** (R03秋AP午後問２設問２（2）)

A **「希少価値によって話題を集めることで，顧客の購買意欲を高めること（31字）」**

そんなこと本文のどこにも書いてないので，**“大コケした時の損失を少なくする狙い”はバツ**です。

けど実際，新商品が“バズるか”“刺さるか”“どれくらい売れるか”は，売ってみないと分かりません。**下線③の，「発売当初は，期間限定で出荷数量を絞」るというスモールスタートなやり方には，**最初に述べたように，**大コケした時のリスクを下げる効果もあります。**

ところで本問。かわいいは正義，かわいいしか勝たんのQ社【→p140】ですけど，ビジネスの世界では，こうやって私たちを踊らせていたんですね。

2 スナック菓子の製造・販売会社**Q社の「R課長は，インターネットを活用したデジタルマーケティングを展開し，商品が売れる仕組みをデジタル技術を活用して作ることにした」**。
次ページ，「新商品Eの情報公開からしばらくして，**Q社がSNSに投稿した内容に対して，ある顧客から"差別的な表現が含まれている"というクレームがあった**」。「その後，その顧客から再度クレームがあり，（注：Q社の）S主任はR課長にこれを報告した。R課長は"今後の対応を決める前に，<u>④SNS特有の事態と，新商品Eの展開を阻害するおそれのあるリスク</u>を慎重に検討するように"とS主任に指示をした」。

Q **本文中の下線④について，<u>クレーム対応によって</u>（注：意味は"…対応<u>の失敗によって</u>"）<u>想定される事態と，その結果生じるリスクを，あわせて</u>40字以内で述べよ。**
(R03秋AP午後問2設問3（3）)

A 「クレームが拡散して，デジタルマーケティングが機能しない。（28字）」

解答例のカンマまでが「クレーム対応によって想定される事態」，後半が「その結果生じるリスク」です。採点者からマルをもらうには，**この二つの観点を，両方とも読み取れる表現が必要**です。

なお，**解答例のカンマまでは"炎上する"と同義であればマル**でしょう。私がこの時に受けていたなら，答案用紙にはベタに，**"<u>いわゆる炎上</u>によってデジタルマーケティングの展開に失敗してしまうリスク（35字）"**と書いて帰ります。

ベタでも"いわゆる"付けて許してもらおう。

チャチい言葉も"いわゆる"を付けるとサマになります。

3 **A市が「自転車シェアリング事業」の社会実験で確認できた利用状況**は，「**企業の従業員が**，得意先まわり，商談など**業務目的で利用する例がある。**」や，「**日中（9:00～17:00）は**，全般的にどの駐輪ステーションも朝夕に比べて**利用者が少ない。**」等。
また，**事業運営者の認識は，「日中の利用者を増やしたい。そのためには**（略）**企業への働きかけも必要である。**」等。

Q **（注：「事業運営収入を高めるための施策について，」）企業に対して働きかける内容を，15字以内で述べよ。** （H25秋ST午後Ⅰ問1設問1（1））

A 「業務目的での利用の促進（11字）」

自転車の利用が少ない「日中（9:00～17:00）」に，この時間帯に活発に「得意先まわり，商談など**業務目的で利用する**」**と思われる人（具体的には「企業の従業員」）の需要を取り込もう**，というわけです。

企業の従業員が**「業務目的で利用する」ケースは，まだその「例がある」程度**です。この表現から，**“まだ業務目的での利用は少なく，今後の伸びが見込める。”と深読みできたら勝ち**です。

こう書く！

「市場成長率が低く，相対的市場占有率が高い事業」（R04春AP午前問67選択肢ウ）とくれば→PPM（プロダクト・ポートフォリオ・マネジメント）で**「投資用の資金源**として位置付けられる事業」

4 **クレジットカード会社のC社では，「ポイントシステムは顧客のロイヤリティ維持に有効性が高いと考え**，取引額に応じた**ポイントを付与する取組みを進めてきた。**また，幾つかの**加盟店から割引券などの特典**（以下，**特典**という）**を提供してもらい**（略）**送付するようなマーケティング活動も実施してきた**」。
「**しかし，会員の退会が毎年一定数発生し**，新規会員獲得の効果をそいでいる状況である。**データ分析をしたところ**」**分かったこと**は下記等。
・「会員，退会者ともポイントの利用は活発ながら，**退会者は多くのポイントを残したまま退会しているケースが多い。**」
・「会員の**特典利用は活発である。**」

Q **（略）C社が特典の取組みに力点を置くことに至った**<u>**ポイントシステムの問題点**</u>**について，30字以内で述べよ。** （H29秋ST午後Ⅰ問3設問1）

A 「ポイントの残高が退会の抑止になっていないこと（22字）」

C社は，「ポイントシステムは顧客のロイヤリティ維持に有効性が高い」，言い換えると**“顧客の引止めに効果あり”と考えていました。ですが実際は，**「退会者は**多くのポイントを残したまま退会しているケースが多い」と分かりました。**ポイントシステム，**あんまり意味が無かった**みたいです。
設問が問うのは「ポイントシステムの問題点」。**答の粗筋に“ポイントシステム，あんまり意味が無かった。”を据えて，本文中の表現を使って肉付けして下さい。**
なお本問のC社，「割引券などの特典」はよく利用されていたので，今後はそっちに力を入れていきます。

こう書く！

「予測手法の一つである**デルファイ法**の説明」とくれば→「複数の専門家への**アンケートの繰返しによる回答の収束**によって将来を予測する。」（R04秋AP午前問75選択肢エ）

5 **T社は洋食レストランを営む。**「最近，**大手イタリアンレストランチェーン**（以下，**U社**という）**が**（略）**開店した。この店は**（略）**お得感のある**多数の**セットメニューを取りそろえ，客単価**（客1人当たりのオーダ金額合計）**を引き上げている**」。T社は「売上高，来店客数，原価率ともにU社に比べて悪く，早急に改善が必要である」。
T社の「ホールスタッフは，前菜，メインディッシュ，デザートについて，メニューアイテムごとにオーダを受ける。**オーダが多いメニューアイテムは決まっており，これに**（注：**客は**）**飲物と1～2アイテムを加えることが多い**」。

Q **（注：T社がとるべき）**<u>**客単価の向上策**</u>**を，25字以内で述べよ。**

（H26秋ST午後Ⅰ問3設問1（1））

A **「お得感のあるセットメニューを設ける。（18字）」**

なにゼリヤですか。**出題者がU社を持ち出した意図は，決して“U社の逆張りを答えよ。”ではありません。**

正しくは，“この街にはU社の成功というエビデンスがある。これを参考に答えよ。”です。**パクリではなく“参考”，リスペクトです。**

成功する**U社は，**「**お得感のある**多数の**セットメニューを取りそろえ，客単価**（略）**を引き上げている**」そうです。**行うなら，パクリという名のオマージュです。**

T社では「オーダが多いメニューアイテムは決まって」いるそうです。**これらを一**（ひと）**まとめにすれば，T社でも「セットメニュー」を作れそうです。**

で，正しく書くなら“**ベンチマーキング**”。「**ベンチマーキングを説明したもの**はどれか。（H28秋AP午前問67）」**の正解**，「**ウ 優れた業績を上げている企業などとの比較分析を行い，結果を自社の経営改革に活用する。**」も押さえて下さい。

ベンチマーキングの対象は，同業種とは限りません。『グロービスMBA事業開発マネジメント』では，**MPUで有名なインテル（Intel）社の成功要因（下の囲み）は，他の業界でも活用できる**と述べています。

- 高付加価値部品に特化し，そこでブランドを獲得した（成功ブランディング）。
- PCメーカーやエンドユーザーとの接点を持ち，顧客のニーズをよく知る。
- 川下業者にもメリットを与えることで交渉姿勢を小さくする。

これ，ベンチマーキングしましょう。

引用：グロービス経営大学院『グロービスMBA事業開発マネジメント』（ダイヤモンド社[2010]p32-33）

6 「医療保険契約者の傾向として，（略）**日頃から健康には気を配っていることが保険料に反映されないことに不公平感をもち，契約をためらっている潜在的な契約者**も少なくない」。
「そこで（注：「新たな保険商品による収益増加」を狙う）**B 社では，契約者に**（注：腕時計型の）**センサデバイスを装着してもらい，得られるデータに応じて月額保険料を割引する医療保険**（以下，**新商品**という）**を開発し**，新たに販売することにした。**健康に気を配っている潜在的な契約者のニーズに応え，見込み客を取り込み**，販売を拡大し**たいと考えている**」。

Q **B 社が<u>新商品を開発する狙い</u>は何か。25 字以内で述べよ。**
(R01 秋 ST 午後Ⅰ問 2 設問 1（1))

A **「健康に気を配っている潜在的な契約者の取込み（21 字）」**

収益増加を狙う **B 社は**，潜在的な契約者数が見込める，**「日頃から健康には気を配っていることが保険料に反映されないことに不公平感をも」つ人たちに目をつけました。**本問の「新商品」は，この人たち向けのものです。
　正解はこれで良いとして。**この手のセンサデバイスはその性質上，生体についての機微なデータを得てしまうものなので，セキュリティも高めておくべき**という出題は【→ p50】をご覧ください。
　そして本問の B 社，すでに腕時計型のアレをいっぱい売る世界的な巨大企業とは提携せずに，**センサデバイスを「デバイスメーカ C 社」に作ってもらう**そうです。
　これは IoT 全般に言える懸念ですが，**OS を含むサポートとかバッテリの交換とか，向こう数十年，本当にサポートできるのか**，ちょっと心配になります。
　このように **IoT では，“ 製品ライフサイクルの長さ ” ゆえに “ 長期的なサポートが必要 ” と見抜かせる出題**にも備えて下さい。

7 総合家電メーカR社の「健康増進事業部」では，「従来から行っていた（略）**健康機器の商品企画，開発に加えて**，新たにオンラインコミュニティを企画，運営し，**利用者が継続的にコミュニティ活動を行うことを支援する**」。

また，**R社の「営業推進部」では**，「従来から行っていた**健康機器の販売促進に加えて**，新たにオンラインコミュニティを利用し，**R社の商品，有料サービスなどの販売促進活動を行う**」。

2.5ページ略，「**健康増進事業部と営業推進部からの提案で，ある狙いから健康ポイントに関する機能を**（注：**オンラインコミュニティに**）**提供することにした**。健康ポイントは，オンラインコミュニティの利用頻度，目標の達成，順位などに応じて付与する。また，**獲得したポイントは，R社の商品，オンラインコミュニティ上の有料サービスなどの購入時に使えることにした**」。

Q 健康増進事業部と営業推進部が提案した健康ポイントに関する機能には，それぞれ狙いがある。一つは，営業推進部の狙いとして，ポイントを利用してR社の商品，有料サービスなどを多くの利用者に使ってもらうことである。もう一つの健康増進事業部の狙いを30字以内で述べよ。 (R01秋SA午後I問1設問3（1））

A 「利用者に継続的にコミュニティ活動を行ってもらうこと（25字）」

引用箇所をミスった，**“新たにオンラインコミュニティを企画，運営すること”はバツ**です。

本問は“国語の問題”。**設問を平たく言うと，“営業推進部じゃない方（＝健康増進事業部）にとっての，「健康ポイント」をオンラインコミュニティの人たちに与える狙い，とは？”**です。

R社の**「営業推進部」では**，「健康ポイント」の話が出るよりも前から，「R社の商品，有料サービスなどの**販売促進活動を行**」**ってきました。その取組みを「健康ポイント」を絡めた表現が，設問でいう「営業推進部の狙い」，「ポイントを利用してR社の商品，有料サービスなどを多くの利用者に使ってもらうこと」**です。

これと同じノリで，**「健康増進事業部」での取組みを踏まえた狙いを書きましょう。**

8 **D 社の X 部長は，観光地の「保養所を活用した観光ホテル事業を考えた。**また，（注：保養所がある）地元の役所，観光組合，**商店街と協業して地域を活性化することで，ホテルの集客力を高めようと考えた**」。
次ページ，**飲食については「ホテル内で調理して提供するのは朝食だけにして，**宿泊客に商店街の飲食店の食事券と土産物屋の割引券を渡し，**夕食時には地元の商店街へ足を運んでもらう。**④これには，D 社の飲食関連コストの上昇を抑制すること以外の狙いもある」。

Q **本文中の下線④について，D 社の飲食関連コストの上昇を抑制すること以外の狙いを，30 字以内で答えよ。** (H31 春 AP 午後問 2 設問 4（2))

A 「地域を活性化することで，ホテルの集客力を高めること（25 字)」

AP 試験［午後］の記述の基本は，本文からのコピペ改変。本文には無い話を脳内補完した，例えば“D 社の進出を地元に警戒されないように懐柔する狙い”といった**勝手な答を考えてもよいのは，“本文からは全くヒントを読み取れない。”と確信できた時だけ**です。
X 部長は本問の事業を，「地域を活性化する」という街づくりのレベルで考えています。もちろん地元との融和も図りたいでしょう。ですが**試験でマルをもらうには，本文から読み取れる話を答えること。これが最優先です。**

こう書く！

「コンティンジェンシー理論」とくれば→「いかなる状況でも最適な組織形態は存在せず，**組織の在り方は個々の企業が置かれた外部環境に依存する**という考え方」(R04 秋 AU 午前Ⅱ問 16 選択肢ア)

パターン８ 「財務・会計」系

AP 試験［午後］問２（経営戦略）の，答え方の大事な視点は“儲かるか？”。本パターンの各例題は，これを財務・会計の視点でざっくりと説明できるスキルを問うものです。

1 **洋食レストラン R 店**の S 氏が「農家と交渉した結果，**食材をたくさん仕入れると，仕入単価を下げる契約が可能**なことが分かったので，この方法も活用したいと考えた」。
S 氏が立てた**改善策**は，「・③ハンバーグステーキと野菜サラダをセットにしたおすすめ料理を紹介し，セット料理がより多く売れるようにする。」等。

Q **本文中の下線③によって利益が改善する理由を，売上の増加以外に，30 字以内で述べよ。** （H30 秋 AP 午後問２設問３（3））

A **「食材の仕入量が増え，仕入単価を下げられるから（22 字）」**

答はこれで良いとして。このＲ店，アンケートによると「・ハンバーグステーキがとてもおいしい。」そうです。**ほっこりしますね。**
　そして手厳しい意見には，「・料理の品目数が多く（略）注文する料理を決められないので，**もっと親切なメニューにしてほしい。**」がありました。**これも S 氏が「セット料理」を作ることにした動機のようです。**

こう書く！

「**企業システムにおける SoE（Systems of Engagement）**の説明」とくれば→
「データの活用を通じて，**消費者や顧客企業とのつながりや関係性を深めるためのシステム**」（R04 春 ST 午前Ⅱ問 15 選択肢ウ）

2 **C市では，「地域医療情報連携システム**（以下，**連携システム**という）**の構築を計画した」**。
その**「構築と運用を行うために法人Dを設立した」**。「構築後の**運用に関わる費用と5年後に実施予定のシステム更新費用は，法人Dに負担させる計画である。**法人Dは，負担する費用を集めるために，連携システムに参加する総合病院，医療機関，訪問看護サービス事業者及び調剤薬局事業者にサービス料金を課す方針である」。
2.4ページ略，**「法人Dは，サービス料金を，運用に関わる費用と**（注：**連携システムへの**）**参加見込み数から決める予定である」**。

Q **サービス料金の検討において，更に考慮すべき情報を，20字以内で述べよ。**
(H28秋ST午後Ⅰ問2設問3（2）)

A **「5年後に実施予定のシステム更新費用（17字）」**

本問は“国語の問題”。**離れたページの記述から，差分を読み取らせました。**
法人Dが負担する「連携システム」の費用とは，読み取れる範囲からだと，「構築後の**運用に関わる費用と5年後に実施予定のシステム更新費用**」。そして費用は，「連携システムに参加する総合病院」等から「サービス料金」という形で徴収します。

この「サービス料金」の額は，「運用に関わる費用と（注：**連携システムへの**）**参加見込み数」によって決める**そうです。ですが，**この表現からは「5年後に実施予定のシステム更新費用」を加味する旨が読み取れません。**

こう書く！

「POSシステムなどで収集した販売情報から，**顧客が買物をした際に同時に購入した商品の組合せを見つける。**」（R04春ST午前Ⅱ問9選択肢ア）とくれば→**「マーケットバスケット分析」**

3　C課長は「複数の投資計画をキャッシュフローを基に評価した」。**「回収期間法」による投資額の「回収期間の算出**には，（注：発生主義に基づく）**損益計算書上の利益に**④減価償却費を加えた金額を使用した」。

Q　本文中の下線④の理由を，“キャッシュ”という字句を含めて，30字以内で述べよ。
（R01秋AP午後問2設問4（2））

A　「減価償却費はキャッシュの移動がない費用だから（22字）」

うまい説明を見つけたので引用します。

（注：実際に企業側で）「手に入るキャッシュは，『純利益と減価償却費の合計』である。**減価償却費を加えるのは，減価償却費が『現金の支出を伴わない費用』だから**である。**減価償却とはすでに支払ってしまった投資金額を，分割して費用計上するもの**だ。したがって，実際には減価償却の分の現金は出ていっていない。**そこで減価償却の分を純利益に足し戻す**のである。」
（『MBAファイナンス』p.8より）

そして**解答例中の「移動がない費用だから」という言い方が物足りなければ，“減価償却費は，キャッシュ（現金）の流出を伴わない経費だから（29字）”**と書くのも手です。

引用：グロービス・マネジメント・インスティテュート『MBAファイナンス』（ダイヤモンド社[1999]p8）

補足

上記の出題の**「回収期間法」は“ペイバックピリオド法（payback period method）”**のことです。その前振りとしてC課長は，「**金利やリスクを考慮して将来のキャッシュフローを**（注：**「現在価値」**（空欄e））**に割り引いて算出する割引回収期間法**が一般的な方法であるが，**製品の陳腐化が早いので簡易的な回収期間法を使用する**ことにした。」という判断もしています。

なお，私はこの時のAP試験，**空欄eに“正味現在価値”と書いても受かっているので，この程度の表記ゆれは許される**ようです。

4　「新たな保険商品による**収益増加**」**を狙う「B社では，契約者に**（注：腕時計型の）**センサデバイスを装着してもらい，得られるデータに応じて月額保険料を割引する医療保険**（以下，**新商品**という）**を開発し，新たに販売することにした**」。
「B社は，これまでは，年齢，性別，り患率，治療費などを統計処理した結果に基づき，月額保険料を算定してきた。そのため，**センサデバイスから得られるデータに応じた月額保険料の割引率体系の確定のためには，データを収集し，さらに統計処理して，新商品の採算性を見極める必要がある**と考えている」。
次ページ，「B社は，**新商品の正式販売には割引率体系の確定が必要であり**，一部の顧客や特定地域をターゲットにして**割引率をいろいろ変えながら，試行販売を行うことにした**」。

Q　**B社が試行販売する狙いは何か。30字以内で述べよ。**

（R01秋ST午後Ⅰ問2設問1（2））

A　**「月額保険料の割引に対する商品の採算性を見極めること（25字）」**

“実際のデータを収集するため”だけだとバツだったようです。
本問，**“「新商品」が月額保険料を割引しても採算がとれるか，の確認（28字）”と大筋で合う表現なら，マルがついた**と考えられます。
B社の「新商品」，実際に売ってみてナマのデータを集めないことには，「さらに統計処理して，新商品の採算性を見極める」ことができません。**ナマのデータを集めるには，実際に売ってみる「試行販売」が必要です。**
そして**B社の真の狙いは**「新たな保険商品による**収益増加**」**です。**だからと言って答に“収益増加”だけを書いても，採点者に“それはちょっとマトを絞り切れていないな。”と思わせるだけです。今回は本文中の表現，**「新商品の採算性を見極める」**を借りましょう。

［午後］問2。大事な視点“儲かるか？”

AP試験［午後］問2（経営戦略）では，目指す答の方向として“儲かるか？”が大切です。

5 **ビジネスホテルチェーンを展開するD社のX部長が行ったファイブフォース分析**（表1）の結果，**ホテル業界における「新規参入の脅威」は，「新規開業時には，土地や建物の取得に多額の初期投資を要し，かつ，ホテル運営のノウハウを必要とするので，参入障壁が高い。」**である。

次ページ，**「D社にとって，新たな形態のホテル事業として観光ホテル事業に進出する場合は新規の参入**となり，②その参入障壁を越えなければならない」。

X部長は，観光地に保養所をもつ「所有企業と提携し，保養所を活用した観光ホテル事業を考えた」。D社が所有企業に行った提案は下記等。

- 「**D社は，所有企業から土地と建物を借り**，保養所の経営及び運営全般を受託する。」
- 「D社は，各保養所での売上の一定料率を，**賃借料として各所有企業に還元する。**」

Q **本文中の下線②について，観光ホテル事業においては新規参入の立場であるD社が，所有企業と提携することによって可能になった，参入障壁を越えるための対策を，25字以内で述べよ。** (H31春AP午後問2設問3)

A **「開業時の初期投資を賃借料で代替する。（18字）」**

本問の元ネタは，まず間違いなく“株式会社 星野リゾート”。ホテルの“所有”と“運営”のノウハウは，本来は大きく異なります。星野リゾート社はこのうち“運営”側を広く任せてもらうことに特化し，成功しました。

そして本問，**答案用紙に“所有企業と提携し，保養所を活用する。”だけを書いても，加点は厳しかった**ようです。

参入障壁が高いホテル業界ですが，**D社は「ホテル運営のノウハウ」はあります。残るは，「新規開業時には，土地や建物の取得に多額の初期投資を要」する件。**

そこで**X部長が目をつけたのは，観光地に保養所をもつ「所有企業」の，既にそこにある保養所**。これを使えれば初期投資を抑えられます。ですが**タダでは使いません。ちゃんと「売上の一定料率を，賃借料として」還元します。**

ここまでを雑にまとめると，下記の文字列を生成できます。

“「新規開業時には，土地や建物の取得に多額の初期投資を要」するが，これの代わりに，「売上の一定料率を，賃借料として」還元させる。（63字，字数オーバ）”

この文意を変えないよう，25字以内へと削ったものが解答例の表現です。

6 本問の「**筋電**」は「**筋肉の収縮時に発生する微弱な電位**」。また，「**筋電義手**」は「**これ**（注：筋電）**を基にモータで手指を動かす義手**」。

………

義手の製造メーカD社で筋電義手の「試作機を開発した結果，（略）筋電の波形に基づき全ての指を別々に動かすための**情報処理が難しく**，例えば，“グー”，“パー”は実現できたが，“チョキ”は開発期間内に実現できなかった。この時点で，**D社の保有技術だけで**（注：**動きの**）**自由度の高い製品を開発すると開発費が高くなることが予想された**」。

Q **（注：D社の）E氏が，信号を解析する情報処理の面では，ほかの組織から技術を得るべきと考えたのは，<u>どのような問題</u>を解決するためか。40字以内で述べよ。**

（R03春ST午後Ⅰ問4設問1（2））

A **「D社の保有技術だけで自由度の高い製品を開発すると<u>開発費が高くなる</u>。（33字）」**

本問はITストラテジスト（ST）試験からの引用。**AP試験［午後］問2と同様，ST試験はビジネス（≒お金）の視点で答えさせる出題が多い**と言えます。

このため**本問も，答の軸に“開発期間が見通せない”や“保有技術が乏しい”を据えてしまうと，ちょっと加点は厳しい**です。

そして，いま研究開発が活発な「筋電義手」ですが，**何でも自社で開発しようとする，いわゆる自前主義にこだわるのもムリがあります。**“APIエコノミー”もそうですが，オープンな場がイノベーションを生むケースは多々あります。

特に本問のD社，この書き方だと，**やろうと思えば（＝リソースと時間さえ使えば）自社で筋電の波形からの情報処理（信号処理）も実現できそう**です。ですが本文中に，**その場合は「開発費が高くなることが予想された」**と書かれています。

このことからも，**D社におけるネックの筆頭は，見通せない開発期間や乏しい保有技術ではなく，「開発費が高くなること」**です。

パターン9 「DX でデラックス」系

AP 試験［午後］問 2（経営戦略）の腕の見せどころは，【→パターン 5「業務改善 IT まかせろ」系】です。この知識にデータの利活用を加えた DX（デジタルトランスフォーメーション）の達成で，圧倒的成長を図れる（かもしれない）出題を集めました。

1 化学品メーカ A 社では，「**入力ミスや書類の入力待ちの滞留など**，A 社輸出入業務の**品質の低下**が懸念されている。そこで **A 社は，入力ミスのない正確性と書類が滞留しない即時性を向上させるために，IT を活用**して，A 社輸出入業務のデジタルトランスフォーメーション（DX）を推進することとした」。

Q **A 社は，IT の活用によって，具体的に A 社輸出入業務のどのような品質を向上しようと考えたか。30 字以内で述べよ。** （R01 秋 ST 午後Ⅰ問 1 設問 1（1））

A **「入力ミスのない正確性と書類が滞留しない即時性（22 字）」**

本文から，“「A 社輸出入業務の**品質**」**とは，「入力ミスや書類の入力待ちの滞留など」によって低下するもの**だ。なので**品質向上には「入力ミスのない正確性と書類が滞留しない即時性」を高めればよい。**”と読み取れたら勝ちです。

こう書く！

「人から人へ，プラスの評価が**口コミで爆発的に広まりやすいインターネットの特長を生かす手法**」（R04 春 AP 午前問 69 選択肢エ）とくれば→ **「バイラルマーケティング」**

2 **IT企業W社では**,「AIやビッグデータなどを活用したカスタマサポートシステムの受託開発の割合が増えている」。**「開発案件の事例として**（略）**“AIが，カスタマサポートチームのメンバ間の交流状況を分析・学習し，高パフォーマンスを引き出すようにチームに助言する。”がある」**。

1.0ページ略，W社のY主任が作成した**表1（PEST分析）中の「T：Technology（技術）」の項目は，「・AI，IoT，ビッグデータなどの先端IT動向」**等。

次ページ，**W社の**X課長とY主任が**まとめた施策は，W社内で**「多様なワークスタイルを支援する就業環境が整備された後，**従業員個人の業務への取組み状況及び**③従業員間の交流状況などの情報を，企業内コミュニケーションツールや社内SNSの利用履歴からモニタリングする。」等。

Q **本文中の下線③について，モニタリングにとどまらず，W社が開発案件で習得した先端ITを応用してできる施策を，40字以内で述べよ。**

（R02AP午後問2設問3（2））

A **「AIが，情報を分析・学習し，高パフォーマンスを引き出すように助言する。（35字）」**

高度試験［午前Ⅱ］では，「**PEST分析**によって戦略を策定している事例（R04春ST午前Ⅱ問11）」**の正解**として，「エ **法規制，景気動向，流行の推移や新技術の状況**を把握し，自社の製品改良の方針を決定する。」を選ばせました。

また，**設問文に見られる用語「先端IT」の定義**ですが，これは**表1中にサラッと，「AI，IoT，ビッグデータなど」のこと**だと示されています。

そして**W社は，自社で「AIやビッグデータなどを活用したカスタマサポートシステム」も作っています。**W社が自社でも使えば，便利な上に，内外に示しもつき，自社製品の改良にも役立ちます。

3 **コールセンタをもつ証券会社の「A 社では，音声認識技術と AI の機能を組み込んだオペレータサポートシステムを導入して活用してきた」。**オペレータは，表示される「回答候補を参照しながら顧客に回答する。**オペレータが選択した回答は**オペレータサポートシステムに記録され，**AI が学習して，表示する回答候補の精度が向上していく。**ただし，**適切な回答候補がないとオペレータが判断した場合，オペレータは FAQ やオペレータ用のリファレンスマニュアルから探して回答する**」。

Q **更なる対応品質の向上のために，オペレータが選択した AI の回答に加えて，活用すべきデータは何か，35 字以内で述べよ。** （H30 秋 ST 午後Ⅰ問 1 設問 1（2））

A **「回答候補がない場合にオペレータが自ら探した回答のデータ（27 字）」**

似た出題は【→ p208】。

設問に見られる**「更なる対応品質の向上」という表現は，**学習した AI によって「表示する**回答候補の精度が向上していく」ことと，密接に関わります。**

本問，**オペレータが与える“教師あり学習”の教師データとして，**どの回答を選択したかに加えて，**より人間くさい判断**（ちゃんと答案用紙に書くなら**“より人間らしい判断”や“定性的な判断”**）**を伴うデータもあると効果的。**本文からの抜き出しで答を作るなら，**“「適切な回答候補がないとオペレータが判断した場合」に探し出した回答（33 字）”もあると，効率的な学習を期待できそう**です。

こう書く！

「**コーズリレーテッドマーケティング**の特徴」とくれば→「商品の売上の一部を NPO 法人に寄付するなど，**社会貢献活動を支援する信条をアピール**し，販売促進につなげる。」（R04 春 ST 午前Ⅱ問 8 選択肢ウ）

4 **コールセンタをもつ証券会社の「A社では，音声認識技術とAIの機能を組み込んだオペレータサポートシステムを導入して活用してきた。**本システムでは，通話の音声は，音声認識技術によってリアルタイムにテキストデータへ変換される。**AIの機能が**，そのテキストデータを解析し，FAQやオペレータ用のリファレンスマニュアルと関連付けて，**回答候補をオペレータの端末の画面上に表示する。オペレータは，回答候補を参照しながら顧客に回答する。オペレータが選択した回答は**オペレータサポートシステムに記録され，**AIが学習して，表示する回答候補の精度が向上していく**」。

Q **AIの機能によって，オペレータの問合せへの対応品質が向上していく理由について，具体的に，25字以内で述べよ。** (H30秋ST午後I問1設問1（1))

A 「表示する回答候補の精度が向上するから（18字)」

単に“**AIを導入したから**”や，“**A社によるCS（顧客満足）の努力の成果だから**”**はバツ**。

本問の「オペレータ」は，機械学習でいう“教師あり学習”の教師役を担います。そして本問，**答えるべきは「対応品質が**（注：**進行形で）向上していく」その背景となる理由です。**

なお，設問にある**「具体的に**（略）**述べよ。」という条件は，過不足なく書けていればクリアします。**採点者が“なんか知らんけどうまくやってくれる（から)”といった**雑な答にバツをつけるための布石が，「具体的に**（略）**述べよ。」**【→p18コラム】**の正体**です。

こう書く！

「事業戦略を，**市場浸透，市場拡大，製品開発，多角化**という四つのタイプに分類し，事業の方向性を検討する際に用いる手法である。」（R04春AP午前問68選択肢ウ）とくれば→**「アンゾフの成長マトリクス」**

5 **タクシー会社A社が構築した「サービスプラットフォーム」と連携する，**「スマホ向けに開発した**配車マッチングサービスアプリ**（以下，**配車アプリ**という）**を使って**（注：顧客（乗客）は**配車を**）**予約注文することができる**」。
同プラットフォームでは，「**外部データである**地図情報，**気象情報，渋滞情報，交通情報，イベント情報なども取り込んだ分析が行われ，AIを活用した需要予測を行う**」。
次ページ，同プラットフォームが提供する「**時間・料金予測サービスは**，到着までの**待ち時間と**，降車地点までの**乗車時間及び目安料金の予測を行い，配車アプリに表示する。**（略）さらに，**AIが**（略）**多くの外部データから抽出された特徴量の組合せを変えることで，予測の精度を向上させていく**」。

Q **（略）A社は，AIが多くの外部データを活用することで，どのような改善を期待できると考えたか。30字以内で述べよ。** （R03春ST午後Ⅰ問1設問3）

A **「待ち時間，乗車時間及び目安料金の予測の精度が向上する。（27字）」**

乗客から見たタクシーは，**①雨や大雪だとつかまえにくい，②渋滞だと運賃が上がる，③近くで大イベントがあると来てくれない**，という感じです。
本文をまとめると，本問の**「AIを活用した需要予測」では，「外部データである**地図情報，**気象情報，渋滞情報，交通情報，イベント情報なども取り込んだ分析」を行い，「多くの外部データから抽出された特徴量の組合せを変えることで，予測の精度を向上させていく」**そうです。
じゃあ**“そもそも，なにの予測を行っていたのか？”**というと，それは「到着までの**待ち時間と**，降車地点までの**乗車時間及び目安料金の予測**」です。**この予測の精度をAIが向上させていく**，という旨をまとめたものが，解答例の表現です。

6 **A市が「自転車シェアリング事業」の社会実験で確認できた利用状況**は，**「中心市街地の**周辺地区にある駐車場の**駐輪ステーションでは，平日の朝は郊外からの通勤者への貸出しで共有自転車が不足し，夕方は返却された共有自転車で満杯になってしまう**ことがある。その際に，最寄りの駐輪ステーションに回って返却する利用者もいる。**一方，日中（9:00～17:00）は**，全般的にどの駐輪ステーションも**朝夕に比べて利用者が少ない。**」等。

Q **（注：「事業運営の効率を高めるための施策について，」）駐輪ステーションの利用状況を考慮して共有自転車の配置数を決めるために必要な情報を，40字以内で述べよ。**

（H25 秋 ST 午後 I 問 1 設問 2（2））

A **「駐輪ステーション・曜日・時間帯ごとの共有自転車の貸出と返却の台数（32字）」**

社会実験によって，**下記の違いが，利用数に影響する**と分かりました。

- 駐輪ステーションの場所が，**「中心市街地」か「郊外」か**
- その日が，**「平日」か**
- 平日の，**「朝」か「夕方」か「日中」か**

本文では通勤者に動きがある「平日」ばかりが語られ，**休日の利用状況は怪しいもの**です。解答例の表現は，これらをまとめたものです。

そして，**ここからが応用レベルの話。**IPA 公式の解答例では「曜日」としていますが，**これだと月～金の祝祭日も「平日」と区別がつかない**ですね。

…なので，**より正確に答えるなら“駐輪ステーション・平日かどうか・時間帯ごとでの，共有自転車の貸出と返却の台数（38字）”**が良いでしょう。

7 **警備会社C社での，「受付センタ」の強化策**は下記等。

・「オペレータが**問合せを受けると，オペレータ名**・受付時刻・**対応内容・通話時間がシステムに記録される。**」

・「**今回の**（注：**オペレータの**）**増員では，経験が浅いオペレータも多数含まれる**と予想されるので，顧客対応の品質を維持するための**指導が必要である。**」

第2章 経営戦略

Q **顧客対応の品質を維持するために，活用すべき情報とその活用方法を，それぞれ20字以内で述べよ。** （H25秋ST午後Ⅰ問3設問1（2））

A **【活用すべき情報】「オペレータ名と対応内容と通話時間（16字）」，【活用方法】「指導すべきオペレータを特定する。（16字）」**

C社の**「受付センタ」は**，警備対象施設に設置した端末から届く「通知への対応を行う**オペレータと，オペレータの対応状況を管理し指導を行う指導員で運営されている**」ものです。

なお"通知の受付時刻は何時何分か。"という値は，ランダム，または顧客側の都合で変わります。このため，**システムに記録される「受付時刻」の値については，オペレータのスキルとは，あまり関係がありません。**

あと，警備会社だからでしょうか。指導員が行う「指導すべきオペレータを特定する。」という活用方法からは脳筋な匂いも漂います。これはどうでもいい話でしたね。

こう書く！

「サービスマネジメントのプロセス改善における**ベンチマーキング**」とくれば→「**業界内外の優れた業務方法（ベストプラクティス）と比較**して，サービス品質及びパフォーマンスのレベルを評価する。」（R04春SM午前Ⅱ問2選択肢イ）

コラム　“できる”の判断基準

技術的には“できる”けど，嫌がる人がいるから“できない”ケースもあります。そんな“できる”の判断基準をまとめました。

着眼点	下記の面で“できる”か？
資源（リソース）	予算，期限（RTO，カットオーバ），要員の配置
機能	その製品でのサポートの有無，ユーザビリティ
スキル	担当者の専任・兼任，経験年数，有資格者か
性能	回線速度，処理能力，平均待ち時間
決まりごと	法令準拠，セキュリティポリシ，“政治的”な理由
余裕	信頼性，設置面積，電源容量，配布可能アドレス数
セキュリティ	利便性とのバランス，機密性，完全性，可用性

これらの着眼点を全て満たすことは困難で，**とりわけ資源（リソース）とのトレードオフが起きやすい**と言えます。

ですが**この表を覚えておくと**，無難な日本語表現，例えば“要求されるセキュリティ要件を満たすかは当方では判断できませんが，機能としては使用可能です。”や，“性能は出ませんが，制度上は可能です。”など，**利点（または問題点）のポイントを外さない表現の練習が可能**となります。

第3章
暗記が効く！「プロジェクトマネジメント」 60問

》》 パターン1　「基本は“コピペ改変”」系 4問
》》 パターン2　「悪手を見つけた→反対かけば改善策」系 7問
》》 パターン3　「“プロトタイプ”と書いと」系 3問
》》 パターン4　「“クリティカルパス”と書いと」系 2問
》》 パターン5　「QCD」系 2問
》》 パターン6　「契約形態」系 5問
》》 パターン7　「融通きかない ERP」系 2問
》》 パターン8　「巻き込めエラい人」系 6問
》》 パターン9　「人のマネジメント」系 8問
》》 パターン10　「PM 面倒対処」系 6問
》》 パターン11　「ソフトウェア工学」系 9問
》》 パターン12　「スコープ確定」系 6問

パターン 1 「基本は“ コピペ改変 ”」系

まずは“ 本文抜き出しで何とかなるか？ ”を考えることから。何とかなれば，それが書くべき答の最優先。**AP 試験［午後］問 9（プロジェクトマネジメント）での判断基準は，原則，“PMBOK に照らして，どうか？ ”**ですが，それよりも高い優先度をもつのが“ 本文中の記述によると，どうか？ ”です。

1 ソフトウェアパッケージを開発する **S 社で追加開発の進捗が遅れている「機能 4」について**，パッケージの**導入先である「D 社人事部の仕様検討担当者**（以下，**D 社担当者**という）**は**（略，注：IT によって）**システム化した処理方法のイメージが十分にもてておらず**，詳細作業手順，作業条件，例外作業の処理方法などの**理解が不十分である。**（略）D 社担当者の意見を生かしつつ当該機能の仕様を確定させるには時間が掛かる」。

Q **D 社のどのような状況が原因で仕様確定に時間が掛かっているのか。40 字以内で述べよ。**

（H28 春 PM 午後 I 問 3 設問 2（3））

A **「D 社担当者が，システム化した処理方法のイメージを十分にもてていない状況（35 字）」**

絶対に選んじゃダメな引用（と，それによる誤答）は，“「D 社担当者の意見を生かしつつ当該機能の仕様を確定させる」という状況 ”。このカギ括弧で引用した範囲は，**問題視されるべき話ではありません。**

対して，**おそらく加点が見込めた引用は，“ 担当者が，詳細作業手順・作業条件・例外作業の処理方法などの理解が不十分という状況（40 字）”**。これなら採点者も，**“ 解答例と同じ旨を，より具体的に書いたもの**だ。”と理解できます。

こう書く！

「会議における**ファシリテータの役割**」とくれば→「中立公平な立場から，会議の参加者に**発言を促したり，議論の流れを整理したり**する。」（R04 春 AP 午前問 74 選択肢ウ）

2 飲料メーカ Q 社では「**販売部門からシステム部に，**（注：**今回の開発対象のうち）経理サブシステムで算出する金額の誤りは業務への影響が大きいので，**全ての経理の処理のパターンにおいて**現行業務で算出している金額と経理サブシステムで算出する金額に差異がないように，特に注意して検証するよう要請があった**」。
システム部の R 氏（PM）は，「経理の処理に関する条件は多岐にわたるので，**販売部門にデータの提供を依頼し，**②結合テストで予定していたテストの他に別のテストを追加した」。

Q **本文中の下線②について，どのようなことを確認するテストを追加したのか。30 字以内で述べよ。** （R02AP 午後問 9 設問 3）

A **「現行業務と経理サブシステムで算出する金額の一致（23 字）」**

R 氏はシステム部の人。**販売部門からシステム部に「特に注意して検証するよう要請があった」件について，R 氏はシステム部の人として，特に力を入れました。**

販売部門からの「要請」とは，具体的には，「現行業務で算出している金額と経理サブシステムで算出する金額に差異がないように」というお願いです。そこで **R 氏は，この検証ができそうなテストデータの提供を販売部門に依頼した，**というのが本問のストーリーです。

なお，**現行の業務で扱っているデータをテストでも使いたいなら，セキュリティやプライバシーの配慮も必要**です。この点についていわゆる ISMS，『JIS Q 27002』の「14.3.1 試験データの保護」では，「PII 又はその他の秘密情報を含んだ運用データは，**試験目的に用いないことが望ましい**」，もし「**試験目的で用いる場合には，**取扱いに慎重を要する詳細な記述及び内容の全てを，消去又は改変することによって**保護することが望ましい**」と述べています。

このような，テスト用のデータにも個人情報の保護が必要，という出題例は【→ 309】をご覧下さい。

引用：『JIS Q 27002：2014（ISO/IEC 27002：2013）情報技術－セキュリティ技術－情報セキュリティ管理策の実践のための規範』（日本規格協会 [2014]p62）

3 本問の「**G社プロジェクト」は，土木工事業G社での「G社工事管理システム構築プロジェクト」**。

………

「**G社は，X国において，来年4月に開始する工事**（以下，**X国新工事**という）**を受注した**。X国は，現在国を挙げて近代化を進めており，公共インフラの構築が急務となっている。そのため，**X国の工事では，納期に遅れた場合には多額の損害賠償金を支払わなければならない**，という契約が慣例となっている」。
G社では「X国新工事に対し，**G社工事管理システムを適用して従来よりも短い期間で完了させることを提案し，受注に至っている**」。
1.2ページ略，G社PMの**H課長は**「②G社プロジェクトが遅延するリスクがG社に非常に大きな影響を与えると考えた。**その対応策として**（略）**進捗状況の監視を強化する**ことにした」。

Q **本文中の下線②について，H課長が考えた，G社プロジェクトが遅延するリスクがG社に与える非常に大きな影響とは，具体的に何を指すか。35字以内で述べよ。**
（H31春PM午後Ⅰ問2設問2（1））

A **「X国新工事の完了が納期に間に合わず損害賠償金を請求されること（30字）」**

X国では「公共インフラの構築が急務」という事情からすると，**動くお金は近所の工事どころではありません。**
解答例の他に考えられる「G社プロジェクトが遅延するリスク」が与える影響は，例えば，①G社の威信にかかわる，②他の「G社工事管理システム」を使いたい工事に迷惑がかかる，③QCDのうちQ（品質）とC（コスト）にも間接的に響く，などですが，**こんなのはザコです。**
数ある正解候補の内，真の正解は「非常に大きな影響」のものだけ。X国のメンツもかかった「X国新工事」なので，**損害賠償金も国家規模です。**

4 **J社での「新人材管理システム」を構築するプロジェクト**では,「**人事部L部長を委員長とする要求検討委員会**を設置して要求を整理することになった。(略)**営業部門のM部長をメンバに加える**ことにした。(注:**PMの)K氏は,要求検討委員会に参加**し,人事部と営業部門の要求を確認することにした」。
次ページ,**K氏が「人事部の担当者にヒアリングした」概要**は下記等。
・「**各記入シートは**,表計算ソフトで作成したテンプレートに,社員が必要な情報を記入する形式であり,**社員からは**,記入の手間が掛かり,かつ,**記入しづらいので改善してほしいとの要望が多数寄せられている。**」

Q **K氏が,仕様に反映させる必要があると考えた,要求検討委員会に参加していないステークホルダの要望とは何か。35字以内で述べよ。**

(H26春PM午後I問1設問2(1))

A **「各記入シートが記入しづらいので改善してほしいという社員の要望(30字)」**

この設問,**つまりは“社員の要望とは何か。”**です。
本問は“国語の問題”。設問文の**「要求検討委員会に参加していないステークホルダ」**を言い換えると,**“要求検討委員会のメンバ(L部長,M部長,PMのK氏)ではない利害関係者”**です。
なお,実際の問題冊子には「人事部のN課長」も登場しますが,この設問には関わりません。
ということで,**“L部長でもM部長でも,PMのK氏でも(「人事部のN課長」でも)ない利害関係者”というと,残るのは「人事部の担当者」か「社員」**です。
このうち,**実際に要望を寄せているのは「社員」**です。

こう書く!

コスト見積り手法の「**ボトムアップ見積り**」とくれば→「**作業の内容を十分に把握している場合**に使われ,**作業の構成要素の工数を見積もり,それを積み上げる**ことによって全体の工数を見積もる。」(R04春SM午前II問18選択肢イ)

パターン2 **「悪手を見つけた→反対かけば改善策」系**

本文中に**悪手やネガティブな表現を見つけたら，その末尾の論理をひっくり返して“（…という悪い話）を改善する。”を答えれば加点される**，という出題パターン。これが，AP 試験［午後］問 9（プロジェクトマネジメント）でマスターするべき 2 番目のテクニックです。

1 **O（オー）社での「リスクマネジメントの現状」**の記述は，「案件の採否決定のベースとなる**重要度を評価するための社内基準がない**ので，IT 部門での重要度の判断も属人的となり（略）」等。
次ページ，PM の W 氏が作成した**リスク管理表（表 1）中の事象は，「重要度がそれほど高くない案件でも，全て受け入れてしまい，プロジェクトの予算を超過する。」**等。
これらの**リスクへの対応策（表 2）は，**「・IT 部門が，**案件採否のベースとして，案件の［　b　］を定める。**」等。

Q **表 2 中の［　b　］に入れる適切な字句を，20 字以内で答えよ。**
（H30 春 AP 午後問 9 設問 2（1））

A 「重要度を評価するための社内基準（15 字）」

本問は，業務効率の向上のために ERP を導入する話。O（オー）社の経営層も，本問のプロジェクトに期待しています。
　PM の W 氏は，**社内の期待の高さが裏目に出てしまい，現場からの“あの機能もこの機能も欲しい。”という要望で収拾がつかなくなる**未来も予想したようです。

2 **O(オー)社の「IT部門」の以前のプロジェクトでは，「業務部門」との間で，案件の採否決定のベースとなる「重要度を調整する場を設けなかった**ので，結果として重要度にかかわらず全ての案件を受け入れざるを得なくなるというリスクが顕在化」したことがあった。

次ページ，**IT部門のW氏（PM）がまとめたリスク対応策（表2）**は下記等。

・**「業務部門から提示された案件について，重要度**，コスト及びスケジュール**を勘案した上で，案件の採否を決定する。**その**最終決定権はIT部門がもつ**こととし，決定事項について経営層の承認を得る。」

次ページ，「一部の業務部門から，“**IT部門が基準に従って評価した重要度を案件の採否決定前に業務部門で確認できない**ので，本当に必要な案件が受け入れられなくなるのではないか”という不安の声が寄せられた。**W氏は，これを二次リスクと認識し**，④リスク対応策の内容を変更することにした」。

Q **（略）本文中の下線④のリスク対応策の変更内容を40字以内で述べよ。**
（H30春AP午後問9設問4）

A **「IT部門が案件の採否を決定する前に業務部門と調整する場を設ける。（32字）」**

「一部の業務部門」の人が不安視するのは，「案件の採否決定前に業務部門で（注：その**採否を左右する「重要度」を）確認できない」点。**

この不安を解消するには，まずは文末の論理を反転させた文字列，“「重要度を案件の採否決定前に業務部門で確認でき」るように変える。（32字）”を作りましょう。

もし**試験会場で他に答が思いつかなければ，こんなイカサマ文字列でも，とにかく書いて下さい。**あとで時間ができたら，これをブラッシュアップしましょう。

こう書く！

「ゴールとミッションが達成できるように，**プロダクトバックログのアイテムの優先順位を決定する。**」（R03春AP午前問49選択肢ア）とくれば→「スクラムチームにおける**プロダクトオーナの役割**」の一つ。

3 **SI事業者E社のF課長（PM）が確認した，E社が提供する「E社サービスへの移行の作業について」のM社側の希望**は下記の2点。

・「移行作業は，元日の0時～24時に完了させること。」

・「M社における**過去のシステム移行で，移行リハーサルを実施した際，作業手順と移行時間の見積りに不備**があった。**その後の修正確認と再見積りも不十分**で，本番の移行作業が混乱したことがあったので，**同様の問題の再発を避けること。**」

次ページで**F課長はM社側に**，「・M社における**過去のシステム移行時の状況を踏まえて**，②移行リハーサルを2回実施する。」**等を提案した。**

Q **本文中の下線②について，M社における過去のシステム移行時の状況を踏まえて，F課長が1回目の移行リハーサルで検証することは何か。30字以内で述べよ。また，移行リハーサルの2回目を設定した目的は何か。35字以内で述べよ。**

（H31春PM午後Ⅰ問1設問2（1））

A **【検証すること】「作業手順及び移行時間の見積りが適切であること（22字）」，【設定した目的】「1回目の移行リハーサルで検出された不備の修正結果を確認するため（31字）」**

M社は，過去のシステム移行についてトラウマをもちます。**その原因は下記2点の，過去の悪い体験**にあります。

① **「移行リハーサル」**で，**「作業手順と移行時間の見積りに不備**があった」。
② **「その後の修正確認と再見積りも不十分」**だった。

E社のF課長は，M社がもつこのトラウマへの対処を考えました。**解答例の二つはそれぞれ，上図の①と②への対策**です。

F課長は解答例の策によって，過去のM社での「本番の移行作業が混乱した」という失敗の再発を防ぎ，移行作業をピッタリ「元日の0時～24時に完了させる」という，M社側の希望に沿おうとしています。

4 **A社PMのB部長が，A社に合併してくる同業M社のN課長から受けた，「M社のデータ移行に関する検討結果」の報告**は下記等。

・「**M社システム管理課の要員は**（注：**合併後の基幹システムである**）**新システムのデータの仕様を理解していない**ので，（注：M社側のシステムからの，**データの**）**移行方式設計に時間が取られそう**だ。」

報告を受けたA社の「B部長は，N課長に⑦M社の移行方式設計をA社と共同で行うよう指示した。」

Q **（略）B部長がN課長にM社の移行方式設計をA社と共同で行うよう指示した理由は何か。30字以内で述べよ。** （H25春PM午後Ⅰ問3設問4（2））

A 「新システムのデータ仕様が早期に把握できるから（22字）」

M社のN課長が報告した懸念，「**M社システム管理課の要員は新システムのデータの仕様を理解していない**ので，**移行方式設計に時間が取られそう**だ。」から答を組み立てます。

A社のB部長による下線⑦の指示は，N課長の懸念への対処です。なので**書くべき答の粗筋は，**“M社システム管理課の要員に，**新システムのデータの仕様を，早いとこ理解させたいから**（40字，字数オーバ）”。

この意味を崩さないよう，30字以内に収めて下さい。**字数を削る時は，述べるべきポイント**（上記の**太字**の範囲）**の文意を，できるだけ残して下さい。**

字数削減テクニックは，【→p348，コラム“文字数削減の極意”】をご覧下さい。

こう書く！

「**マイクロサービスアーキテクチャ**を利用してシステムを構築する利点」とくれば→
「**各サービスの変更がしやすい。**」（R04秋ES午前Ⅱ問20選択肢ウ）

5 SI 企業の**S 社では**，表 1 より，**東京の“東京チーム”のベテラン社員が行う「文書管理では，文書名称，格納方法，版管理の規則を定め，その実施を徹底している」**。だが，**大阪の“大阪チーム”に同様の記述はない。**
次ページ，PM の T 主任は上司から，**東京と大阪に分かれた**「“**複数拠点での開発であることを考慮し，拠点間でコミュニケーションエラーが発生するリスクへの対応**を追加すること。”との指示を受け」，下記のプロジェクトマネジメントルール等を作成した。
・「③東京チーム内の取組を，プロジェクト全体に適用する。」

Q **本文中の下線③について，プロジェクト全体に適用する東京チーム内の取組を，35 字以内で述べよ。** （R01 秋 AP 午後問 9 設問 1（4））

A **「文書名称，格納方法，版管理の規則を定め，その実施を徹底する。（30 字）」**

答はこれで良いとして。
　PM の T 主任は，本問に先立つ**設問 1（1）**【→ p202】**で，「現行システムの開発経験者を東京チームから大阪チームへ異動させた。」という策もとっています。**この策の背景として，“大阪チーム”に「①不足するスキルを補うため，本プロジェクトの開発要員案の範囲内で，最小限の要員異動をして適切な開発チームを編成することにした」という経緯もあります。
　きっと大阪に行く若干名のベテラン社員は，東京チームでの文書管理術を広める，伝道師の役目も期待されたのでしょう。

6 **開発委託先U社からの提案（表1）は，品質管理については「・工程の中間及び完了時に，評価対象工程について**（注：品質メトリクスの）機能別・担当者別の**定量的な分析を行って**，品質分析評価報告書を**提出する。**」等。
開発委託元P社のQ課長（PM）が求めた見直しは，「この内容では，**評価対象工程での数値の差異だけで品質の良否を判断することになりかねない。**⑦評価対象工程から視野を広げた品質分析に改善するよう検討してほしい。」等。

Q **本文中の下線⑦について，Q課長が検討してほしいと考えている改善を，25字以内で述べよ。** （H25春PM午後Ⅰ問4設問3（3））

A **「欠陥混入の原因分析を前工程も含めて行うこと（21字）」**

この解答例の表現は欲張ったもの。**Q課長が願う次の二つの，両方が読み取れます。**

①定量的な「数値の差異だけ」でなく，**「欠陥混入の原因分析」も欲しい。**
②視野を「評価対象工程」だけでなく，**「前工程」にも広げて分析してほしい。**

ですが下線⑦によると，Q課長が欲しいのは「評価対象工程から視野を広げた品質分析」です。このため**答に書くべき優先度は，上図だと②側（工程を広げる話）の方が高い**と言えます。

こう書く！

「**4時間以内のトレーニングを受けることで，新しい画面を操作できる**ようになること」（R04春AP午前問65選択肢ア）とくれば→「非機能要件の**使用性**に該当するもの」

7 E社では，**システム移行の「展開チームは，移行計画に従って，移行後5日間で**（注：サービスデスクの代りに問合せを受ける）**初期サポート活動を終了する予定**であった。**しかし，1日当たりに発生するインシデント数が移行前の**1日当たりに発生するインシデント数の**平均値よりも多い状態が続いている**こと（略）から，サービスデスクは，初期サポート活動を継続してもらいたいと（略）依頼してきた」。

Q **初期サポート活動について問題点がある。移行計画の検討における改善策を，40字以内で述べよ。** (H27秋SM午後Ⅰ問3設問4（1))

A **「初期サポート活動の終了時期は，インシデントの発生状況を加味して判断する。(36字)」**

元々「展開チームは，**移行計画に従って，移行後5日間で**」という期間を区切って，初期サポート活動を終了する予定でした。ですが，**発生するインシデントにはキリが無く，その収束（終息）の時期が見通せていません。**

今回は期間を**「移行計画に従って，移行後5日間」**と決めていました。**設問文ではその「移行計画の検討」を問題視するため，"検討していた「移行計画」テメーはダメだ"の気持ちで再検討**しましょう。

期限を「移行後5日間」のように区切った，その移行計画がダメなのでした。そこで，**日数の代りに"収束するまで"**の旨を書いたのが，解答例の表現です。

こう書く！

「**ユースケース駆動開発**の利点」とくれば→「**ひとまとまりの要件を1単位として設計からテストまで実施する**ので，要件ごとに開発状況が把握できる。」(R04秋PM午前Ⅱ問17選択肢エ)

パターン3 「“プロトタイプ”と書いと」系

これから開発するシステムについて，**ユーザから“操作感の意見を得たい。”，ユーザに“使用感を味わってもらいたい。”とくれば，採用すべきは“プロトタイプ”。**
…ということは，“プロトタイプを使うメリットは？”と問われた時の正解候補も，“ユーザから操作感の意見を得られる。”や“使用感を味わってもらえる。”です。

1 K氏は，J社での「新人材管理システム」を構築するプロジェクトのPM。

Q **K氏が，業務経歴システムや研修管理システムへの改善要望を多く出している社員にプロトタイプを使ってもらい，意見を把握することにした目的は何か。30字以内で述べよ。** (H26春PM午後Ⅰ問1設問4（1))

A 「**操作性に関する要望を仕様に反映させるため（20字）**」

“情報システム開発で，**プロトタイプを使うことのメリット**は？”とくれば，次の2点です。

①早めに**操作性の問題点を洗い出せる。**
②早めに**理解を深めてもらえる。**

今回の本問は，上図の①側でした。②側の出題例は【→p177】をご覧下さい。

こう書く！

「ソフトウェア開発プロジェクトにおいて**WBSを作成する目的**」とくれば→「作業を，階層的に詳細化して，**管理可能な大きさに細分化**する。」(R04秋PM午前Ⅱ問8選択肢エ)

2　機械メーカＢ社では，メインフレーム上の**基幹システム（現行システム）をオープン化する再構築を計画している。**「本システム再構築は，分析工程，設計工程，製造工程，テスト工程の順に実施する」。
1.3 ページ略，**監査チームが想定したリスクは，表３中の項番４**，「現行システムから基盤・アーキテクチャが変更になることで，**ユーザ受入テストの際に，システムの操作性で問題が表面化する。**」等。

Q　**表３項番４について，<u>監査チームが，適切なリスク軽減策として想定したと考えられる施策</u>について，45 字以内で具体的に述べよ。**

(H31 春 AU 午後Ⅰ問３設問４)

A　**「設計工程にも利用部門が参画し，<u>プロトタイプなど</u>で早期に操作性を確認してもらう。(39 字)」**

「本システム再構築は，分析工程，設計工程，製造工程，テスト工程の順に実施する」ので，**採用する開発モデルは“ウォータフォールモデル”**だと推理できます。

そこでソフトウェア工学の本を読むと，大抵，**ウォータフォールモデルの説明と共にＶ字形の図，いわゆるＶ字モデル，“V&V（Verification and Validation）”が見つかります。**

このＶ字モデルでいう右端近く（＝全工程の終盤）で行う**「ユーザ受入テストの際に，システムの操作性で問題が表面化する」かも**，と監査チームは考えています。

ならばＶ字モデルでいう同じ階層の左側，“システムの操作性<u>を設計する工程</u>（例：**外部設計）の強化を図ろう。”**というのが本問のストーリーです。

鉄則　**操作性の確認は“プロトタイプ”と書いとけ。**

本問の解答例，適切にボカして“当たり判定”を広げる「プロトタイプ<u>など</u>」という言い方も上手いですね。ぜひ皆様も真似て下さい。

3 「倉庫管理用ソフトウェアパッケージ」を導入することにした**衣料品メーカD社の**，「既存2倉庫の**キーパーソンは**（略）大枠には合意したものの，**“既存業務プロセスからの変更が多く，現場がついてこられるか不安だ。”とのこと**であった」。検討の結果，**D社ではM社の「M社倉庫管理パッケージ**（以下，**MWS**という）**を選定した」**。
1.7ページ略，**D社PMのE課長は**，M社のデモンストレーション環境を「業務プロセス設計工程の完了以降も利用できるようM社に依頼し，**プロトタイプを利用部門に公開し，事前に操作してもらうことにした**」。

Q **E課長は，プロトタイプを公開し，事前に操作してもらうことによって利用部門に何を期待したか。35字以内で述べよ。**　（H27春PM午後Ⅰ問2設問2（1））

A **「MWS導入による新しい業務プロセスへの理解を深めてもらうこと（30字）」**

ご注意。**本問の**「既存2倉庫の**キーパーソン」は，パッケージ（MWS）の導入を嫌がってはいません。不安視しているのは，「既存業務プロセスからの変更が多く，現場がついてこられるか」です。**

本問の正解の傍証として，本文中には，MWSによる新しい業務プロセスに沿った「利用者トレーニングに備えて，既存2倉庫の**キーパーソンから新倉庫の業務プロセスについて**ドキュメントを基に**説明してもらう計画だが，それだけでは利用者トレーニングがスムーズに進まないリスクがある**と（注：E課長は）考えた」という表現も見られました。

そして**これは試験対策として，に限らず。**本問の「既存2倉庫のキーパーソン」などの**現場から信頼されていそうな人は，事前の根回しで味方につけておく**と，なにかと得をします。

パターン4 「“クリティカルパス”と書いと」系

数ある作業から“**その作業の進捗を特に注視した理由は？**”**とくれば，正解候補は**“**クリティカルパス上の作業だから**”。進捗面でボトルネックとなる作業を見つけた時は，答案用紙に“クリティカルパス”と書かせるかも，と予想しましょう。

1 PMのL氏は，「**必要な作業項目，作業に掛かる期間などを**表1に示す**一覧表にまとめ，作業の流れを**図3に示す**作業工程図にまとめた**」。

Q **L氏が，工程を短縮するに当たって，（注：図3中の）記号A，B，C，G，H，I，Jの一連の作業を短縮すべき対象として選んだのはなぜか。20字以内で述べよ。**

（H25春PM午後Ⅰ問1設問1（1））

A **「クリティカルパス上の作業だから（15字）」**

平成25年（2013年）の出題時は，本問の図3を「作業工程図」と呼びました。**本問は“PERT図”と“クリティカルパス”の知識問題ですが，これは**新QC7つ道具でいう“**アロー・ダイアグラム法**”，『PMBOKガイド 第7版』での“**プロジェクト・スケジュール・ネットワーク図**”，『PMBOKガイド 第6版』での“**プレシデンス・ダイアグラム法（PDM）**”**に，それぞれ相当します。**

実際の出題では，表1と図3を使ってクリティカルパスを見つける作業も必要でした。ですがもう，**こんなふうに問われたら，正解候補の筆頭に“（それらが）クリティカルパス上の作業だから”を挙げて下さい。**

こう書く！

「**バグ管理図**を用いて，テストの進捗状況とソフトウェアの品質を判断したい」時の適切な考え方とくれば→「テスト項目消化の累積件数，バグ摘出の累積件数及び未解決バグの件数の**全てが変化しなくなった場合は，解決困難なバグに直面しているかどうか**を確認する必要がある。」（R04春SA午前Ⅱ問9選択肢ウ）

2 本問の「SPI」は，EVMで用いる“スケジュール効率指数（Schedule Performance Index）”。

………

S課長（PM）とT主任（プロジェクトチームのリーダ）が得た認識は，「**・チームメンバがクリティカルパス上の活動を認識していないので**，該当の活動に関する問題の検知と対応が遅れ，**マイルストーンに間に合わなくなる**ことがある。」等。
S課長が考えた**改善方針は**，「**・クリティカルパス上の活動を識別し，重点的に監視**する。」等。
次ページでS課長は，T主任と，「**・プロジェクト全体の遅れにつながる問題の予兆を検知するために**，⑤チームメンバ別以外のある切り口でのSPIを算出して，重点的に監視する。」等で合意した。

Q **（略）S課長とT主任は，どのような切り口のSPIを重点的に監視することにしたのか。25字以内で述べよ。** （H31春PM午後Ⅰ問3設問3（3））

A 「**クリティカルパス上**の活動群のSPI（17字）」

“進捗を守るため，ある特徴をもつ作業（活動）を重点的に監視することにした。その，ある特徴とは？”**とくれば，答の筆頭は“クリティカルパス上の作業”**。他の「クリティカルパス上」と答えさせる例は，【→p178】です。

SPI（スケジュール効率指数）の算出式である“EV ÷ PV”で求まる値が，1以上ならばオンスケ（on schedule：予定通り）だと考えます。**S課長とT主任は，クリティカルパス上の活動がオンスケかを，数値で把握・監視したいと考えた**のでした。

こう書く！

「プロジェクトマネジメントにおける**リスク対応の例のうち，転嫁**に該当するもの」とくれば→「損害の発生に備えて，**損害賠償保険を契約**する。」（R04春SM午前Ⅱ問19選択肢ウ）

パターン5 「QCD」系

PMが気にする三本柱は，①品質（Quality），②コスト（Cost），③納期（Delivery）。
この"QCD"に照らして判断させる出題は，【→p269】にも見られます。

1　A社PMのB氏は，開発のチームリーダに「**複数の委託先の候補から見積りをとることの意義**を説明した」。

Q　**B氏が説明した，複数の委託先の候補から見積りをとることの意義とは何か。20字以内で述べよ。**　(H26春PM午後Ⅰ問3設問3（1）)

A　**【内一つ】「調達コストを適正にできる。(13字)」「委託先の客観的な評価ができる。(15字)」**

競争原理を働かせたい時に使う"相見積り"の知識問題ですが，その意義にまで踏み込む答を求められると，途端にハードルが上がります。**本問は"相見積りの意義を問われたら，こう答えれば良い。"という文例**としてお使い下さい。

こう書く！

「クラッシング」（R04春AP午前問52選択肢ア）とくれば→「プロジェクトのスケジュールを短縮するために，**アクティビティに割り当てる資源を増やして，アクティビティの所要期間を短縮する**技法」

2 O(オー)社では「**ERP ソフトウェアパッケージ**（以下，**パッケージ**という）**を導入する**」。「経営層から，**6 か月後の稼働が必須との指示が出ており，予算もスケジュールも余裕がないプロジェクト**となっている」。
2.6 ページ略，PM の W 氏は**パッケージへの「投入可能なカスタマイズ費用を，**（注：**「372」**（空欄 d））**万円と見積もった。**さらに，③カスタマイズをする場合の，品質低下以外のリスクについても検討した」。

Q **本文中の下線③について，リスクの内容を 15 字以内で述べよ。**
（H30 春 AP 午後問 9 設問 3（2））

A **「スケジュールが遅延する。（12 字）」**

本問のプロジェクトは**「予算もスケジュールも余裕がない」ので，答えるリスク（＝正解）の候補は“お金”か“スケジュール”です。**

切分けに，めっちゃ便利なQCD（品質，コスト，納期）

いわゆる QCD のうち，コスト（Cost）については空欄 d で「372」万円だと検討済みです。正解候補から“お金”は消えました。

残る二つ，品質（Quality）と納期（Delivery）のうち「品質低下以外のリスク」というと，それは納期のリスク。平たく言うと**“スケジュール的にマズくなるリスク（16 字，字数オーバ）”**ですが，これを堅く言ったものが解答例の表現です。

こう書く！

「プログラムを書く前にテストコードを記述する。」（R04 秋 AP 午前問 49 選択肢エ）とくれば→「エクストリームプログラミング（XP：Extreme Programming）における**“テスト駆動開発”**の特徴」

パターン6 「契約形態」系

特に押さえてほしいのは，準委任契約と請負契約での指揮命令関係。どちらも委託元が現場の委託先の人たちに，細かい指示を直接与えてしまうと問題となります。
試験でマルがつくのは，法律に基づく模範的な答。仮に皆さまの職場で偽装請負が見られたとしても，**答案用紙に" いやいや現場ではこうだから。" とか言って違法なことを答に書いてはいけません。**

1 **A 社 PM の B 課長は，開発委託先のベンダである X 社と Y 社との「3 社の責任者で整理した 3 社で共有すべき周知事項については，X 社及び Y 社のメンバも Web 上の掲示板機能で参照可能とすることにした。ただし，**（注：**「準委任契約」という）**④契約形態を考慮して，各社のメンバへの作業指示に該当するような事項は掲示板には掲載しないことにした」。

Q **（略）B 課長が各社のメンバへの作業指示に該当するような事項は掲示板には掲載しないことにしたのはなぜか。30 字以内で述べよ。**

（R03 秋 PM 午後 I 問 3 設問 2（2））

A 「委託先要員に対する直接の作業指示はできないから（23 字）」

実際の本問は，**契約形態を，下線④の 2.5 ページ前に書かれた表 1 から読み取らせています。**本書では，これを読み解く手間を省いています。
本問は **"SES 契約" でも有名な契約形態，「準委任契約」**について。その**指揮命令権は本来，委託元（本問の A 社）ではなく，委託先（同，X 社と Y 社）がもちます。**
もう一度言います。皆さまの周りでの実態はともかく，**「準委任契約」で指揮命令権をもつのは，委託先（ベンダ側）です。**SES で来てもらった人に指示を出すとか，この試験ではありえない話です。**そんなわけないから試験に出すんです。**
ついでに覚える **" 請負契約 " の指揮命令関係については****【→ p183】**をどうぞ。

2 **ソフトウェア企業X社からの一部機能の委託先であるA社側の交渉窓口は，後日の「請負契約においてA社の**（注：意味は**"A社側の"**）**責任者となる予定のB主任**であった」。
1.3ページ略，**X社PMの「Y課長は，**内部設計以降，（略，注：**X社側の**）**リーダとしてZ主任を増員することにした。**Z主任は（略）A社のエンジニアとも面識があった。このことから**Y課長は，Z主任の着任に当たって，**"これまでの経験を生かして，**しっかり**（注：**A社側と**）**コミュニケーションをとってほしい。ただし，**⑤今回の契約形態では，発注側として注意すべきことがあるので，その点は十分に意識して行動してほしい。"と伝えた」。

Q **本文中の下線⑤について，発注側として注意すべきことを，30字以内で述べよ。**
（H29春PM午後Ⅰ問2設問3（3））

A **「直接に依頼をできるのは，B主任に対してだけであること（26字）」**

離れたページの記述から，"下線⑤でいう「今回の契約形態」とは「請負契約」のことだ！"と読み解くスキルも問われた本問。
　そして，ITパスポート（IP）試験にも出る**「請負契約」での指揮命令関係。**AP試験や高度試験では，**"これについては知っていて当然"扱いで出題され，**その上で"○○**字以内で"簡潔に説明できるスキルも問われます。**

こう書く！

「**ラボ契約**の特徴」とくれば→「依頼元は，契約に基づきスキルや人数などの**基準を満たすように要員を確保することをベンダ企業に求めるかわりに一定以上の発注を約束する。**」（R04春SA午前Ⅱ問15選択肢イ）

3 **P 社は SNS を提供する企業。「U 社は**これまで P 社との取引はなかったが（略，注：**P 社の「モバイルアプリ開発プロジェクト」の）開発担当に決定した**」。

開発委託元 P 社の Q 課長（PM）は，U 社との間で「基本設計と総合テストの各工程を委任契約とし，**詳細設計から結合テストまでの工程を請負契約とする**ことを前提に U 社と交渉したところ，U 社も同様の意向であった」。

「P 社は U 社と委任契約を締結し，早速，基本設計の作業を進めることになった。Q 課長は（略）②あわせて詳細設計以降を担当する予定の U 社の管理者に，Q 課長が担当するプロジェクトマネジメント業務のうち，進捗状況と品質状況を定量的に把握し，評価する部分を切り出して，委託することにした」。

Q **本文中の下線②について，Q 課長が，U 社の管理者に進捗状況と品質状況を定量的に把握し，評価する部分を委託した目的を，30 字以内で述べよ。**

（H25 春 PM 午後 I 問 4 設問 2（1））

A 「U 社のプロジェクトマネジメントの実力を確認するため（25 字）」

解答例中のナゾの表現，**「実力を確認するため」は，次の二つの意味をもちます。**

①P 社にとって **U 社とは初の仕事なので，" お手並みを拝見するため "**
②請負契約なので**指揮命令権は U 社側がもつことから，"P 社の代わりに進捗や品質を確認してもらうため "**

大事なのは②側。本問では，「詳細設計以降」は「請負契約」です。

請負契約の場合，もし P 社（委託元）側の人が，U 社側のメンバを細かく把握・評価してしまうと，その行為を指揮命令だと見なされた時に**偽装請負だと判断されかねません。**

なお，**上流側と下流側で契約形態を変えることそのものに問題はなく，むしろ『情報システム・モデル取引・契約書』にも示される，望ましいとされる形**です。本問の P 社と U 社でも，**「基本設計と総合テストの各工程を委任契約とし，詳細設計から結合テストまでの工程を請負契約」**のように，工程によって変えていました。

参考：『情報システム・モデル取引・契約書（受託開発（一部企画を含む），保守運用）〈第二版〉』（IPA，経済産業省 [2020]p9-14）

4 **ソフトウェア企業の「X 社が新たに受注した改修案件（略）は，開発期間 6 か月の請負契約**であり，（略）スケジュールの面では大きな手戻りを許す余裕はない」。

X 社は本案件の一部機能の委託先として，これまでの派遣契約では評価が高かった A 社を候補とした。次ページで X 社 PM の「Y 課長は，①A 社がサプライヤとして請負契約で受託できることが確認できれば，今後は派遣契約ではなく請負契約を中心としていくことで，X 社にとってメリットが得られると考えた」。

Q **（略）本文中の下線①で，X 社が得られるメリットを，25 字以内で述べよ。**

（H29 春 PM 午後 I 問 2 設問 1）

A **「X 社の完成責任の負荷が軽減されること（18 字）」**

完成責任がない，とくれば“準委任契約”【→p182】。本問は，**完成責任がある「請負契約」**です。

本問，**“X 社だけにかかっていたプレッシャー（＝完成責任）が，多少は軽くなる。”という旨が書けていれば，加点された**と考えられます。

X 社・A 社間が「派遣契約」だった頃は，その完成責任は委託元（X 社）が負っていました。これが**「請負契約」に変わると，委託した部分についての完成責任は，委託先（A 社）が負う**ことになります。

第 3 章 プロジェクトマネジメント

こう書く！

「ベロシティ」（R04 春 AP 午前問 49 選択肢エ）とくれば→「アジャイル開発の手法の一つであるスクラムにおいて，**決められた期間におけるスクラムチームの生産量**を相対的に表現するとき，尺度として用いるもの」

5 **「L 社は**大手機械メーカ **Q 社のシステム子会社」。今回の「本プロジェクト」において L 社と Q 社は，前回プロジェクトと同様，**「システム設計と受入れの支援を準委任契約，**システム設計完了から導入まで**（以下，**実装工程**という）**を請負契約とした**」。

「**前回プロジェクトの実装工程では，**見積り時のスコープは工程完了まで変更がなかったのに，**L 社のコスト実績がコスト見積りを大きく超過した。**しかし，①L 社は超過コストを Q 社に要求することはできなかった。本プロジェクトでも請負契約となるので（略）」。

Q **本文中の下線①の理由を，契約形態の特徴を含めて 30 字以内で述べよ。**

（R03 春 AP 午後問 9 設問 2（1））

A **「請負契約は仕事の完成に対して報酬が支払われるから（24 字）」**

「理由」を聞かれたら，目指す答は“（…だ）から”。

本問の解答例をベタに書くと **“「請負契約」では原則，モノが完成しないことには代金が支払われないから（34 字，字数オーバ）”**です。

そして本問，**“L 社は立場上，親会社 Q 社に対して強くは言えなかったから”はバツ**です。この表現だと「契約形態の特徴」も読み取れません。

ですが，なぜそんな誤答が出るかというと，**下線①の日本語が変だからです。下線①の正しい解釈は下記**です。

誤：L 社は **“超過した分の支払いを増やしてほしい。”というお願いができなかった。**

正：L 社は途中で炎上プロジェクトだと気付いたが，**実装工程の途中では“追加のお金を欲しい。”と言えなかった。**

本問の根拠は民法 632 条，「請負は，当事者の一方がある仕事を完成することを約し，**相手方がその仕事の結果に対してその報酬を支払うことを約する**ことによって，その効力を生ずる。」という記述です。

パターン7 「融通きかないERP」系

関連出題は第2章（経営戦略）の【→パターン5「業務改善ITまかせろ」系】。**ERPの導入が仇となるケース，とくれば“最適化された業務が壊されてしまうケース”。**これを見抜かせる出題例は，【→p137】です。

1 **ホームセンタをチェーン展開するO社での，「ERPソフトウェアパッケージの導入」**の記述は下記等。

- 「**パッケージの導入対象業務は**，店舗に関わる**販売管理**（需要予測を含む），**在庫管理，購買管理，会計管理**及び**要員管理**である。」
- 「特に，**販売管理業務は，各店舗での独自の販売管理手法によって，売上拡大に大きく寄与している**重要な業務である。」

1.6ページ略，PMのW氏が作成した**リスク管理表（表1）中の事象は**，「**過剰なカスタマイズ要求**で，カスタマイズの費用が増える。」等。**これらのリスクへの対応策（表2）は**，「・②カスタマイズの対象業務を販売管理業務に限定**し，その他の業務については，パッケージに合わせて業務を標準化する**ことをプロジェクト基本計画書に記載し，経営層の承認を得る。」等。

Q **表2中の下線②の理由を，販売管理業務の位置付けを考慮して，35字以内で述べよ。**

（H30春AP午後問9設問2（2））

A **「各店舗独自の販売管理手法が売上拡大に寄与しているから（26字）」**

関連出題は【→p137】。**ERP導入ネタの定番，“その「カスタマイズ」をどうするか”。**なお本問の「カスタマイズ」とは，「O社の要求で機能を変更・追加したモジュールを（注：ERPの）パッケージに組み込むこと」を指します。

ERPの導入では，原則，そのパッケージが提供するベストプラクティスに沿って自組織の業務を変える（改善する）ことを考えます。

ですが**O社での「販売管理業務は，各店舗での独自の販売管理手法によって，売上拡大に大きく寄与している**重要な業務」なので，**この業務をERPに合わせ込んでしまうと，売上拡大のタネを潰しかねません。**これが正解の根拠です。

なお，**答の軸に“カスタマイズの費用を抑えたいから”を据えてしまうと，**採点者に**“この表現からは「販売管理業務の位置付け」が読み取れない。”と判断され，バツ**がつきます。

2 **E社での「新営業支援システム」導入プロジェクトの目的は，システムの「運用・保守の費用の最小化」**等。

E社は役員会で，**下記等の特徴をもつ「SaaSを利用することに決定した」。**

・「E社はシステムの運用・保守作業の負荷を軽減できる。ただし，**用意されている機能を拡張するようなカスタマイズを行う場合は**，カスタマイズ費用に加えて，**拡張機能に対する保守費用も必要となる。**」

PMの「F課長は，**プロジェクトの目的達成に向け，SaaSの特徴を考慮して**（略，注：**下記等の**）**システム化方針を定めた**」。

・「**機能を拡張するようなカスタマイズはせず**，業務プロセスを見直して，**用意されている機能だけを用いることで**，新営業支援システムを短期間で稼働開始させると同時に，［ a ］**を図る。**」

Q **新営業支援システムの導入において，用意されている機能だけを用いる狙いは何か。［ a ］に入れる狙いを20字以内で述べよ。**

（H30春PM午後Ⅰ問1設問1（1））

A **「システムの保守費用の最小化（13字）」**

SaaSに「用意されている機能だけを用い」て**カスタマイズの工数を抑えれば，「新営業支援システムを短期間で稼働開始させる」効果も期待できます。**出題者は，こっちを正解とする設問も作れたでしょう。

ですが**本問ではF課長（PM）が，「プロジェクトの目的達成に向け，」と言っています。**マルをもらうには，**プロジェクトの目的として示された話**（＝システムの**「運用・保守の費用の最小化」**等）**に沿って答えて下さい。**

なお，**本問の「プロジェクトの目的」の全文は**，「このプロジェクトは，営業活動の機密性が高いデータも用いた実績分析や広告・宣伝活動におけるターゲット分析などの業務の高度化対応に加え，システムの運用・保守の作業負荷軽減や**運用・保守の費用の最小化**，システムのキャパシティ拡張の柔軟性確保を目的としている。」でした。

どこにも「短期間で稼働開始」とは書かれていません。

パターン8 「巻き込めエラい人」系

取締役やキーパーソンなど，**“エラい人をPMが巻き込む，その狙いは？”とくれば，答の軸は“トップダウン式で推進できる”**。複数の部署をまたいで物事を進めたい時や，難色を示す人を黙らせて協力を得たい時に，本パターンは有効です。

1 **G社では，「全社のDX推進の責任者として，H取締役がCDO（Chief Digital Officer）に選任されている」。**

Q **（注：PMの）K課長が，CDOの直下にプロジェクトチームを設置することを提案した狙いは何か。30字以内で述べよ。** （R02PM午後Ⅰ問1設問2（1））

A **「全社からプロジェクトへ参加できる体制とするため（23字）」**

“PMがエラい人を巻き込む”とくれば，得られる効果は次の二つ。

①鶴の一声【→p191】
②錦の御旗【→p190】

部署間の垣根を超えて「全社のDX推進」を行うには“全社に顔が利くH取締役によるトップダウン式”が良い，と考えると，本問は上図の①だと言えます。

こう書く！

適切な，「**“アジャイルソフトウェア開発宣言”で述べている価値**に関する記述」とくれば→「包括的なドキュメントに価値があることを認めながらも，**動くソフトウェアに，より価値をおく。**」（R04秋PM午前Ⅱ問15選択肢エ）

2 **化学製品製造業のG社では**,「全社のDX推進の責任者として,**H取締役がCDO(Chief Digital Officer)に選任されている**」。

G社では「生産プロセスの自動運転を行うシステム(略)**を完成させるシステム開発プロジェクト**(以下,**自動化プロジェクト**という)**を立ち上げる**」。

次ページ,G社**L工場の工場長からは**「“**工場は生産業務が本来の業務**なので,DX検討チームのメンバの現業がおろそかにならないように注意して進めてほしい”と依頼された」。また,**L工場のITS(ITサービス部)部長の話は**,「・システム開発は優先順位を付けて実施しており,**全社的な重要案件は優先して対応する**ことにしている。」等。

Q **(注:PMの)K課長が,CDOから全社に向けて,自動化プロジェクトのプロジェクト憲章を発表することを提案した狙いは何か。30字以内で述べよ。**

(R02PM午後Ⅰ問1設問1(1))

A **「プロジェクトの承認を全社に伝え協力体制を確立するため(26字)」**

加点のためには,解答例に見られる**「協力体制を確立するため」との同義は書いてほしい**ところです。

G社でのDXは,まだ工場レベルまでは行き渡っていません。特に**工場長は,積極推進とまでは思っていない**ようです。ですが**ITS部長からは「全社的な重要案件は優先して対応する」という,前向きな言葉**をもらっています。

そこで,**PMのK課長は,全社的な立場であるH取締役(CDO)からの指示という“錦の御旗”を得ることで,全社的に話を通しやすくすることを狙いました。**

この他にもK課長は,H取締役に「・DX検討チームのメンバは,**現業部門との兼務を解き,専任とする。**」という提案も行います。**この案に工場長はいい顔をしない**でしょうから,K課長がエラい人の権威を借りたくなる気持ちも分かります。

3 本問の**「C 取締役」は，「A 社の IoT 関連事業と IT を統括する」。**
次ページ，**A 社での「本プロジェクトの体制」の記述**は下記等。
・「①C 取締役が，本プロジェクトを統括する。」
・「A 社情報システム部門の **D 課長が，**プロジェクトマネージャとして**本プロジェクトの遂行責任を負い，その下に業務チームと IT チームを置く。**」

Q 本文中の下線①とすることの狙いは何か。35 字以内で述べよ。
(H30 秋 AP 午後問 9 設問 1（2））

A 「業務と IT の両部門にまたがる意思決定をトップダウンで行うこと（30 字）」

ステークホルダ間でもめそう，とくれば，答の軸は“エラい人の鶴の一声に頼る”。この他の“エラい人”のメリット，錦の御旗を得る話は**【→ p190】**をご覧下さい。

本問とは似て非なる話ですが，例えば**要件定義などで“要望を言うユーザが多すぎて収拾がつかない。どうしたらよい？”とくれば，**答え方は，**“ユーザ側で取りまとめ役を決めてもらい，その人を介してやり取りをする。”**です。

コラム “クラッシング”と“ファストトラッキング”

覚え方を考えてみました。

鉄則 クラッシュ上等カネで解決，バスとトラック並んで爆走！

短縮技法名	平たく言えば…	R03 秋 PM 午前Ⅱ問 6 での表現
クラッシング (crashing)	資源追加や残業など，**カネで解決**	「クリティカルパス上のアクティビティの開始が遅れたので，ここに人的資源を追加した。」
ファスト トラッキング	並行できるなら，**並行でやる**	「設計が終わったモジュールから順にプログラム開発を実施するように，スケジュールを変更した。」

4 **金融機関A社では，開発委託先のベンダであるX社とY社が共に，A社にとっての「大口取引先である**ことから，**A社の経営陣にはX社派とY社派がいて，それぞれのベンダの開発の進め方に配慮したような要求や指示があり，プロジェクト推進上の阻害要因になった**」。

次ページ，**A社PMのB課長は，A社の「社内については，**①プロジェクトに対する経営陣からの要求や指示はCIOも出席する経営会議で決定し，CIOからB課長に指示することを，CIOを通じてA社経営会議に諮り，了承を取り付けてもらうことにした」。

Q **本文中の下線①について，B課長が狙った効果は何か。35字以内で述べよ。**

(R03秋PM午後Ⅰ問3設問1（1))

A **「プロジェクトに対する経営陣からの指示ルートが一本化される。(29字)」**

PMがエラい人を巻き込み，その"鶴の一声"に期待する他の出題例は【→p191】を。

【→p191】

正解はこれで良いとして。**本問のA社は，あくまでもX社・Y社の両方の顔を立てようとします。**

その結果，本問では「X社，Y社それぞれが担当する（略）それぞれのシステム内の接続機能を介して連携させる」といった策も生まれました。こんな**ライバル企業同士の"縦割り構造"と，ナゾな連携方法も，トラブルの臭いがします。**

このグダグダにB課長（PM）がどう対処したかは，【→p210】をご覧ください。

こう書く！

適切な，「プロジェクトマネジメントにおける**スコープの管理**の活動」の例とくれば→「連携する計画であった外部システムのリリースが延期になったので，この外部システムとの連携に関わる作業は**別プロジェクトで実施する**ことにした。」(R04秋AP午前問51選択肢ウ)

5 本問の「CRM」は，顧客関係管理（Customer Relationship Management）。

………

SIベンダA社では，「不動産会社の**P社から現行のCRMシステムを刷新するプロジェクト」の受注が決まった。**
2.0ページ略，**影響度の高いステークホルダであるP社の**「**S部長は，**昔ながらの営業気質をもっており，**最先端のCRMシステムを導入してもそれだけでは売上が向上するわけがないと考えている。しかし，**最先端のCRMシステムの業務要件を確定するためには，利用部門責任者である**S部長の承認は必須である**」。
A社PMのB課長が作成した「コミュニケーションマネジメント計画案」は下記等。
・全体会議を「月次で開催する。**特にS部長には，事前打合せの時間を取ってもらい，**③最先端のCRMシステムが有する機能の利点や日々の営業業務への効果などを説明する」。

Q **本文中の下線③について，（注：A社PMの）B課長がS部長に，このような対応を行う狙いは何か。40字以内で述べよ。**（H30春PM午後Ⅰ問3設問2（2））

A **「最先端のCRMシステムの機能や効果を理解して，協力してもらうため（32字）」**

加点には“S部長からの協力を得るため”の旨は必須。ですがこれだけだと寂しい字数です。**ここから字数を水増しするテクニック，**下記をどうぞ。

①まずは**思いつく言葉を列挙し，書き出し**ます。
→“最先端のCRMシステム”“機能の利点や効果”“協力を得る”等
②**書くべきことから瑣末なことへ，の順でソート**します。
→“協力を得る”“機能の利点や効果”“最先端のCRMシステム”
③これを**順に組み入れ，**制限字数の少し前で止めます。
→“協力を得る。機能の利点や効果，最先端のCRMシステムの。”
④意味が通るよう，**接続詞や語尾，語順を整え**ます。
→“協力を得る。新しいCRMシステムの機能の利点や効果を分からせて。”

かっこいいですね倒置法。これが**“奥義！ 言葉のパレート分析”**です。

6 **アパレル企業 A 社では，かつて「V 社の ERP パッケージ**（以下，**V 社 ERP** という)」**の導入に伴い「現行の業務プロセスを変更することに業務部門が抵抗感を示した。その後**，V 社のデモ環境を使用して検討を繰り返すうちにテンプレートの**社内評価も高まり，業務部門が納得**」した。
2.4 ページ略，**A 社 PM の B 部長は，A 社に合併してくる同業 M 社の業務部門を含めたキックオフミーティングの場で**，「**両社の社長から，合併後は**（注：「**V 社 ERP**」**に基づく**）**新システムの業務プロセスに統一すること**（略）**を改めて伝えていただく**ことにした。特に **A 社の社長から**，⑤ A 社の経験から M 社の業務部門に対して，あることを強く要請していただくことにした」。

Q **本文中の下線⑤で，M 社の業務部門に強く要請した，あることとは何か。30 字以内で述べよ。**
（H25 春 PM 午後 I 問 3 設問 3（2））

A **【内一つ】「業務プロセスの変更に抵抗感をもたないようにすること（25 字)」「新たな業務プロセスを前向きに評価すること（20 字)」**

エラい人の口を借りる，その効果の一つは“鶴の一声”【→ p191】。
また，他の“パッケージ導入に伴う現場の不安に対処する”出題例は【→ p177】を。**A 社 PM の B 部長は，“合併初期には，M 社でも「V 社 ERP」には抵抗感があるだろう。”と見越して，本問の解答例の策を講じました。**
本問では同業の A 社と M 社が合併しますが，**同業なので業務内容も似ている**と考えられます。合併後は A 社側の「V 社 ERP」に基づく情報システムに片寄せしますが，**A 社には「現行の業務プロセスを変更することに業務部門が抵抗感を示した」という経験もありました。A 社ではそれを乗り越えて「社内評価も高まり，業務部門が納得」した**のですから，これはもう **A 社の人たち，「V 社 ERP」の“信者”と言ってもいいでしょう。**

パターン９ 「人のマネジメント」系

人的なマネジメント，例えばチーム内の雰囲気の醸成，人材育成，動機づけなどを問う出題を集めました。もし皆様が過去にヒドい育成を受けていたとしても，後輩にそれと同じことをしてもよい，という理由にはなりません。少なくとも試験会場では，理想のメンターを演じて下さい。

1 着任したPMのQ課長は，「**コミュニケーションに関する問題がある**と考え，改善を検討することにした」。
2.7ページ略，Q課長が収集した意見は，**開発チームは「ミーティングでも発言をするメンバとしないメンバに分かれている。」**等。
次ページ，後日のミーティングでQ課長は，「まず③全員に自分の意見を述べさせ，議論を経て（略）改善方針をまとめた」。

Q （略）Q課長は，どのような意図で全員に自分の意見を述べさせたのか。35字以内で具体的に述べよ。 （H28春PM午後Ⅰ問2設問3（2））

A 「ミーティングで発言しないメンバの意見も含めて，全員に認識してもらう。（34字）」

これまでの開発チームでは「**発言をするメンバとしないメンバ**に分かれてい」ました。その改善策としてQ課長（PM）は，メンバの「③全員に自分の意見を述べさせ」ています。**この二つの差分が，本問のヒント**です。

『PMBOKガイド 第7版』の「2.2 チーム・パフォーマンス領域」－「2.2.3 パフォーマンスが高いプロジェクト・チーム」でも，**高いパフォーマンスの要因の一つに「オープンなコミュニケーション」**を挙げています。その説明として，「**オープンで安心できるコミュニケーションを醸成する環境により，生産性の高い会議，問題解決，ブレーンストーミングなどが可能**になる。また，**理解の共有，信頼，協働など，他の要素の基盤**でもある。」と述べています。

引用：Project Management Institute, Inc.『プロジェクトマネジメント知識体系ガイド 第7版＋プロジェクトマネジメント標準』（PMI日本支部[2021]p22）

2 ソフトウェア企業**R社に中途入社したS課長（PM）が，入社に当たって経営陣から受けた説明は，「定量的な管理手法を取り入れたマネジメントの標準**（以下，**R社標準**という）**を制定して社内に浸透させたい。」**等。

次ページ，**T主任（プロジェクトチームのリーダ）の意見は**，S課長が作成した「"R社標準の試案の適用に当たり，チームメンバの理解はおおむね得られるはずだが，**導入に当たって少なからず抵抗や反発もあると思う**"」。

次ページで**S課長は**，「④R社標準の試案をチームメンバにスムーズに浸透させるために，"チームメンバと十分に議論をして，R社標準の試案を具体的に提案してほしい"とT主任に指示した」。

Q **本文中の下線④について，S課長がR社標準の試案をチームメンバにスムーズに浸透させるために，T主任にチームメンバと十分に議論をして試案を具体的に提案するよう指示したのは，どのような効果を期待したからか。40字以内で述べよ。**

（H31春PM午後Ⅰ問3設問2（3））

A **「チームメンバが自ら改善策の検討を行うことで，実行の意欲が高まること（33字）」**

本問には**出題当時の『PMBOKガイド 第6版』**，「9.4.2.4 人間関係とチームに関するスキル」－**「動機づけ」**に書かれた，「動機づけとは，他の誰かに行動を起こす理由を与えることである。**チームは，意思決定に参加し，独立して物事に取り組むように権限委譲されることで動機づけされる。**」が参考となります。

また，**本問のS課長は，チームメンバがもつ"プロ意識"をうまく活かそうともします。**今回は引用しませんでしたが，S課長は経営陣から「**・R社には職人気質のエンジニアが多く，組織の価値観として品質重視が浸透している。**この組織としての強みは，今後も大切にしていく。」という説明も受けます。これを踏まえたS課長は，「・R社のエンジニアは**自分の仕事への自負と責任感が強いので，**②その特長を生かしつつR社標準の試案を浸透させる方針とし，現状を徐々に改善していく。」とも考えています。

引用：Project Management Institute, Inc.『プロジェクトマネジメント知識体系ガイド 第6版』（PMI[2017]p341）

3 本問の「ST」は，プロジェクトチーム内の「サブチーム」の略。

………

ソフトウェア企業 P 社の Q 課長（現 PM）が「着任後，仕事のやり方とメンバの意識に着目して」観察したプロジェクトチームの状況は下記等。

・「**ST 内のメンバは**，自律的に自ら考え判断して行動するよりも，（注：**前任の**）**PM や ST リーダの指示を待って行動する傾向が強い。**（注：**前任の**）**PM や ST リーダの指示は**，失敗を回避する意図から，**詳細かつ具体的な内容にまで踏み込む傾向がある。**」

次ページで「**Q 課長は，これらの状況について，メンバはどのように認識しているのか，個別にヒアリングすることにした。**その際に，②それぞれの状況に対して Q 課長が抱いている肯定や否定の考えを感じさせないように気をつけることにした」。

Q **Q 課長は，本文中の下線②で，肯定や否定の考えを感じさせないように気をつけることで，どのようなヒアリング結果を得ようと考えたのか。30 字以内で述べよ。**

（R02PM 午後 I 問 2 設問 1（2））

A 「**PM の考えに引きずられないメンバの真の考え（21 字）**」

………

ST 内のメンバは，前任の PM に（悪い意味でも）従順でした。

ついでに“**上司の高圧的な態度で開発メンバを萎縮させてしまう，そのリスクは？**”とくれば，**正解候補は“言い出せないバグを隠そうとして，後工程で火を噴くリスク”**。上に立つ者は，**メンバの心理的安全性にも気を配るべき**です。

ところで**本問の問題冊子には，いかにも脳筋な表現として**「・過去の開発では，（注：**前任の**）**PM の強力なリーダシップと** ST リーダをはじめとする**メンバの頑張りで，QCD の目標を何とか達成してきた。**」**も見られます。**前任の PM は「急きょ，介護のために休職することになった」そうですが，ちゃんと復職するでしょうか。

本当に介護が理由なのかも含めて，ちょっと怪しいですよね。

4 本問の「**E社PT**」はP社での「**E社向けシステム開発プロジェクトチーム**」の略，「**ST**」は**プロジェクトチーム内の**「**サブチーム**」の略。

………

ソフトウェア企業P社のQ課長（現PM）が行った，E社PTのメンバへのヒアリングで判明した状況は下記等。

・「上流工程での**認識合わせが不十分だった**ことが原因で手戻りが発生するなど，**ST間のコミュニケーションに問題がある**と考えているメンバがいた。」
・「**ST内のメンバ同士が，相手の仕事に口を挟むことを遠慮してタイムリに意見交換をしなかった**ことによって，手戻りが多くなった，という意見があった。」
・「**メンバが**（注：**前任の**）**PMやSTリーダの指示を待って行動する傾向**は，生産性の向上を妨げる原因になっているようだという認識が，ほぼ全員にあった。」

Q **Q課長が，<u>E社PTの行動の基本原則について</u>，全員で議論して合意し，明文化して共有することにしたのは，どのような意図からか。<u>全員で議論して合意することにした意図</u>と，<u>明文化して共有することにした意図</u>を，それぞれ30字以内で述べよ。**

(R02PM午後Ⅰ問2設問2（2）)

A **【合意することにした意図】「<u>メンバ全員が納得した上で</u>行動に移れるようにするため（25字）」，【明文化して共有することにした意図】「<u>メンバ全員が自律的に行動する</u>ための基準とするため（24字）」**

ヒアリングで判明した状況の箇条書**1ポツ目，2ポツ目からは，“メンバ間の認識合わせが<u>うまく行っていなかった</u>”旨**が読み取れます。なので**【合意することにした意図】には，これとは逆のこと，“メンバ間の認識合わせを<u>行う</u>。”という線**で答えて下さい。

また**3ポツ目からは，“メンバが<u>指示を待って</u>行動するという傾向が，生産性向上を妨げていた”旨**も読み取れます。なので**【明文化して共有することにした意図】にも，これとは逆のこと，“メンバは<u>指示がなくても，文書化された「行動の基本原則」さえ読めば自分で</u>行動できる。”という線**で答えて下さい。

5 **金融機関A社では，**「現在稼働している事務センタ内の**事務のサポートシステム**（略）**を更改し，新システムを構築することにした**」。
次ページ，**システム部のB課長（PM）が，新システムの外部設計の終盤に，「システム化の対象とする帳票を増やしたいという**（注：**業務部の**）**C課長からの依頼について対応方法を検討した」結果**は下記等。
・「②要員を急きょ追加した場合，開発工数上の手当てはできていても，新システムに関する知識不足から問題が発生し，内部設計が計画どおりに進められないリスクが高い。」

Q **（略）本文中の下線②における，新システムに関する知識不足から発生する問題とはどのような内容か。30字以内で具体的に述べよ。**
（H27春PM午後Ⅰ問3設問2）

A **「追加要員の教育に想定以上の時間が掛かる。（20字）」**

知識を得るための手間，例えば「教育」以外にも**“設計内容の把握”などが書けていればセーフ**だったと考えられます。
ですが**下線②で心配しているのは**「内部設計が**計画どおりに進められないリスク**」，つまりは**進捗の懸念なので“教育の手間”だけだとバツ。“時間が掛かる”旨も必須**です。
ところで本問，私は書くべき答を**“時間が掛かる”と“品質の低下”で迷いました。こんな時はフタマタをかけて，“追加要員の教育に想定以上の時間が掛かり，品質にも影響する。（29字）”と書く**と，どうでしょうか。
毒にも薬にもならない言葉なら，追加しても，文字数オーバ以外のリスクは無いです。**これをバツにする理由を採点者が思いつかなければ，私たちの勝ち**です。

6 **A 社では「X 社製の ERP ソフトウェアパッケージ**（以下，**X パッケージ**という）**を選定する**ことにした」。「**X 社**の技術サービス部門**では，X パッケージに関する充実した教育コース**（略）**を提供している**」。**A 社の「IT チームには，**X パッケージに関する**知識はあるが，業務チームには，X パッケージに関する知識はない**」。
1.5 ページ略，A 社 PM の D 課長が作成した**表 1（リスク管理表（抜粋））中のリスク，A 社の「業務チームには，X パッケージに関する知識がない**ので，適用設計フェーズが遅延する。」**への対応策**は，「②プロジェクト準備フェーズで実行可能な施策を実施する。」である。

Q **表 1 中の下線②について，実行可能な施策を 35 字以内で述べよ。**

（H30 秋 AP 午後問 9 設問 3（1））

A 「X パッケージの教育コースを業務チームに受講させる。（25 字）」

答はこれで良いとして。**本文中に“…はあるが，…はない”といった逆接を見つけたら，それは“ここが問題点だよ。”の目印。**

…とくれば，**書くべき改善策は“（…という問題点）を改善する。”**です。

なお，今回は引用しませんでしたが，本文よると表 1 の作成時に D 課長が用いた「リスク対応戦略は，**PMBOK ガイド第 5 版**に基づいて分類」されました。**本問の出題時（2018 年 10 月）には第 6 版が出ていましたが，新版が出てもだいたい 1 年は，旧版をベースに出題される**ようです。

ということで『PMBOK ガイド』からの出題は，2021 年刊の『第 7 版』ベースのものに備えましょう。

こう書く！

適切な，責任分担マトリックス（RAM）の一つである**「RACI チャートで示す四つの“役割又は責任”**の組合せ」とくれば→**「実行責任，情報提供，説明責任，相談対応」**（R04 秋 PM 午前Ⅱ問 4 選択肢ア）

7　**P社での「インターネット販売システム開発プロジェクト**（以下，**本プロジェクト**という）**」の方針**は下記。

・「(略) スクラム開発の理解を深め，**スクラムの開発要員を育成**し，プロセスを確立しながら本プロジェクトを遂行する。」
・「試行開発を経て，**本格的なスクラム開発の人材を確保**し，顧客からの要求に迅速に対応できるようにする。」

次ページの表2より，**スクラムチームの「開発チーム」の「8名のうち，3名はスクラムによるアジャイル開発プロジェクトを経験している」。**

「<u>①開発チームは，まずは全メンバでWebストアの開発チームを編成し，Webストアの開発の完了後に，モバイルアプリの開発チームとSNSの開発チームを編成することとする</u>」。

Q　**本文中の下線①の体制とした<u>狙いは何か。本プロジェクトの方針に沿った人材育成の観点から</u>，40字以内で述べよ。**　(R03秋AP午後問9設問1 (2))

A　**「<u>スクラムの開発要員を育成</u>し，<u>本格的なスクラム開発の人材を確保</u>する。(33字)」**

今回は引用を省きましたが，**本プロジェクトの目的の一つ**である「・これまで一部のプロジェクトだけで用いていた**スクラムによるアジャイル開発を採用し，今後同社での利用を拡大させていく**端緒とする。」という記載も，本問の背景でした。

こう書く！

「**プロジェクトを正式に許可する文書**であって，プロジェクトマネージャを特定して適切な責任と権限を明確にし，ビジネスニーズ，目標，期待される結果などを明確にした文書」(R04秋PM午前Ⅱ問2選択肢エ) とくれば→**「プロジェクト憲章」**

8 SI 企業の **S 社では，S 社が数年前に開発した「現行システム」の「機能を拡張する開発案件を受注した」**。

次ページの表 1 より，**東京の“東京チーム”**の，開発対象が「モバイルアプリ接続機能」と「仕入管理」については，**開発要員として「現行システムの開発経験者を，余裕をもたせて割り当てている」**。だが，**大阪の“大阪チーム”には「現行システムの開発に関わった要員はいない」**。

PM の T 主任は，「①不足するスキルを補うため，本プロジェクトの開発要員案の範囲内で，最小限の要員異動をして適切な開発チームを編成することにした」。

Q **本文中の下線①について，どのように要員を異動させたか。40 字以内で述べよ。**

（R01 秋 AP 午後問 9 設問 1（1））

A **「現行システムの開発経験者を東京チームから大阪チームへ異動させた。（32 字）」**

今回は引用を省きましたが，**「現行システム」とは「販売管理システム」を指し，大阪の拠点には「需要予測などに関する数理工学の技術をもつ部門がある」**そうです。**なので“大阪チーム”は賢い**のです。

賢くても，**ただ“「現行システムの開発」について（だけ）は良く知らない。”というのが，下線①でいう「不足するスキル」の主な意味**です。

（副次的な意味については【→ p172】を。）

そこで PM の T 主任は，要員に余裕がある“東京チーム”の「現行システムの開発経験者」の若干名を“大阪チーム”に合流させるのが，ベストな策だと考えました。

こう書く！

「修整（Tailoring）」（R04 春 SA 午前 II 問 12 選択肢イ）とくれば→『JIS X 0160:2021（ソフトウェアライフサイクルプロセス）』での，「ライフサイクルモデルの目的及び成果を達成するために，**ライフサイクルプロセスを修正する**か，又は新しいライフサイクルプロセスを定義すること」

パターン10 「PM面倒対処」系

これこそPMの腕の見せどころ。暗記よりもKKD（勘，経験，度胸）が得点につながる，修羅場をくぐった経験が活きる出題を集めました。経験が薄い場合は，ここに挙げた各解答例を参考に，理想のPMとして（少なくとも試験会場では）振る舞うイメージを脳内で膨らませて下さい。

1 **P社では，E社の子会社化に当たって「最終的にはP社の標準のプロジェクトマネジメント体系に合わせる**ために，情報システム部のQ課長をE社に出向させた」。着任したQ課長が行った現況のヒアリングは下記等。

- 「**E社の**情報システム部には二つの開発課がある。**2人の課長は**（略）**それぞれが異なったやり方でプロジェクトをマネジメントしている。**」
- 「**2人の課長は**，これまでの成功体験に自信を持っている。**統制がとれたプロセスよりも，ノウハウの共有によるスピーディな対応を好む**傾向がある。」

Q **（略）Q課長がP社の確立したプロセスにいきなり統一しなかったのは，どのような問題を引き起こすことを恐れたからか。25字以内で述べよ。**

（H26春PM午後Ⅰ問2設問1）

A **【内一つ】「プロセス導入の効果が十分に得られないこと（20字）」「プロセスが正しく定着しないこと（15字）」**

プライドも高そうな，E社側の2人の課長。親会社（P社）の**Q課長が強権的に進めると反発されそう**です。解答例の二つは共に，そんな反発の結果として起き得る話です。

そこでQ課長，今回は引用しませんでしたが，**「次の方針で進めていく方が現状のE社にはよい」とも考えました。**

- 「各課長のマネジメントについて，問題点を具体的に指摘し，**気付きを与える。**」
- 「その気付きを契機に，**明確に規定されたプロセスに基づく開発を行うことの必要性を，少しずつ納得してもらう。**」

本問の応用として，**本問の背景を踏まえさせた上で，“では，どう進めるべきか？”を問い，上図の方針を答えさせる出題**も考えられます。

2 本問の**「G 社プロジェクト」は，土木工事業 G 社での，IoT を活用した「G 社工事管理システム構築プロジェクト」。**

………

表 1（G 社プロジェクトの**ステークホルダの一覧表）中のステークホルダ**は，**「G 社 PMO」「G 社システム部」「IaaS ベンダ」「ソフトウェアパッケージベンダ」「タブレット端末ベンダ」「デバイスベンダ」。**

G 社 PM の「**H 課長は，表 1 を参照**し，⑦ IoT を活用したシステム開発プロジェクトの場合，従来のシステム開発プロジェクトと比較して，マネジメントを難しくする特性があると考えた」。

Q **（略）H 課長が（略）考えた，従来のシステム開発プロジェクトと比較して，IoT を活用したシステム開発プロジェクトのマネジメントを難しくする特性とは何か。35 字以内で述べよ。** （H31 春 PM 午後 I 問 2 設問 4）

A **「多岐にわたる分野のステークホルダの統率や調整が必要になること（30 字）」**

他の " ステークホルダ多すぎ問題 " は【→ p332】を。

下線⑦で比較している**「従来のシステム開発プロジェクト」とは，IoT・組込みや制御機器が（ハード屋さんの言う，メカやエレキが）ほとんど絡まない情報システム開発のこと**です。

一方，問題冊子には他の記述として，**「ドローンに装着したデバイスによって工事現場を撮影して，収集した画像データを IaaS 上のサーバに蓄積する機能」の実装，**も見られました。**下線⑦ではまとめて「IoT を活用した」と呼びますが，その実態は，姿勢制御や無線通信，画像解析，航空法（日本国内の場合）といった，面倒なことの塊です。**

こう書く！

「リーダシップのスタイルについて，**目標達成能力と集団維持能力**の二つの次元に焦点を当てている。」（R04 春 AP 午前問 75 選択肢イ）とくれば→「リーダシップ論のうち，**PM 理論**の特徴」。なお本問の「PM」は，目標達成機能（Performance function）と集団維持機能（Maintenance function）の頭文字。

3 表２より，**R 氏は「プロダクトオーナ」**。**T 氏は「ユーザチーム代表」**であり「アジャイル開発プロジェクトに参加した経験はない」。
1.2 ページ略，**スプリント「S-04」の途中での，R 氏と T 氏の会話**は下記等。
T 氏：「重要な新規要件を優先順位 A として追加することがビジネス上必須となった。」
R 氏：「その要件が重要なことは理解したが，**サイズ大のプロダクトバックログアイテム１個を新規追加することになるので，リリース１でリリースする計画のプロダクトバックログアイテムを見直すことになる。**」
（中略）
T 氏：「**納得できない**ので，**別途調整させてほしい。**（以下略）」
続く**「S-04 終了時のレトロスペクティブ」の記述**は，「・開発チームは，（注：スクラムマスタである）S 氏の助言を得て，③ R 氏と T 氏との今回のプロダクトバックログアイテムの追加依頼の会話を踏まえて，関係者間でのプロセスの確立について検討することにした。」等。

Q **本文中の下線③について，誰とどのようなプロセスを確立しておくべきか。40 字以内で述べよ。**
（R03 秋 AP 午後問 9 設問 3（1））

A **「T 氏とプロダクトバックログアイテム変更に伴う対応方法を決めておく。（33 字）」**

T 氏はゴネます。なので T 氏との間では，対応方法を事前に，明示的に決めておくのが良いでしょう。他にも T 氏は，「アジャイル開発なので，要件の柔軟な追加や変更ができると思っていた。」とか，「アジャイルの作業生産性は高いはずだから，計画したプロダクトバックログアイテムも全てリリース１に入れられるのではないか。」とかも言ってきます。面倒な人です。

なお，PMI[2017] の定義によると，**「プロダクト・オーナー」とは，「プロダクトの価値を最大化し，構築される最終プロダクトに最終的な行動責任と説明責任を有する人物」**。また，**「スクラム・マスター」は，「スクラム・フレームワークにおける，開発チームとプロセス・オーナーのコーチ。障害を取り除き，生産的なイベントを促進し，チームを混乱から守る」役目**をもちます。

引用：Project Management Institute, Inc.『アジャイル実務ガイド』（PMI[2017]p155, p158）

4 本問の「**CRM**」は，**顧客関係管理**（Customer Relationship Management）。

………

SI ベンダ A 社では，「不動産会社の **P 社から現行の CRM システムを刷新するプロジェクト**」**の受注が決まった。**
P 社側の「**利用部門からは，業務要件の確定などの目的で，営業部の S 部長が利用部門責任者**となり，**利用部門担当者には営業部の T 氏**が選任された」。
次ページの表 1（主要なステークホルダ登録簿（P 社分））より，「**S 部長」の影響度は「高」，プロジェクトに対する姿勢は「抵抗あり」。**
続く「P 社のステークホルダについての情報」は下記等。

・「S 部長は（略）最先端の CRM システムを導入してもそれだけでは売上が向上するわけがないと考えている。しかし，**最先端の CRM システムの業務要件を確定するためには，利用部門責任者である S 部長の承認は必須**である。」
・「**T 氏は**（略）**最先端の CRM システムの業務要件を独力で定義できるまでには至っておらず，S 部長の営業としての見識や経験に基づく支援が必要**だと（注：A 社 PM の）B 課長は考えている」。

Q **（注：A 社 PM の）B 課長が，S 部長について，しっかりとしたコミュニケーションマネジメント計画を作成する上で重要な人物であると考えた理由は何か。35 字以内で述べよ。** （H30 春 PM 午後 I 問 3 設問 1（3））

A **【内一つ】「プロジェクトに対する姿勢に抵抗があるが，影響度は高いから（28 字）」「T 氏だけでは業務要件を定義できず，S 部長の支援が必要だから（29 字）」**

解答例はそれぞれ，本文中の表現の要約です。
なお，**"S 部長はキーパーソンだから " だけだとバツです。**これだと設問が問う，「B 課長が，S 部長について（略）**重要な人物であると考えた理由」の答になっていません。"A が B である理由は？ " に "A は B だから " で返す，トートロジー（同語反復，いわゆる進次郎構文）だと見なされます。**
"S 部長はキーパーソンだから " よりは踏み込んだ，その背景も肉付けした表現を目指しましょう。

5 **J社での〔スコープマネジメント〕の記述**は下記等。

- **様々な要求が出された「要求検討委員会」の場で，PMの「K氏は**，開発期間の制約もあり，**全ての要求を来年4月1日までに実現することはできない旨を説明**し，要求を集約することを求めた。しかしながら，その場では要求を集約することはできなかった（略）」。
- 「K氏は，要求の集約方法を検討するに当たって，改めて要求の背景となる<u>①現状の業務上の問題点を一覧表にまとめ，関係部門の要求がどの問題点に起因しているかを整理すべきだと考えた。</u>」

1.8ページ略，関係部門への「ヒアリングの結果を踏まえ，**K氏は第2回の要求検討委員会において，要求を集約するに当たって**，次の方針（注：**「現状の業務上の問題点を解決することに重点を置き」**等）**を提案した**」。

Q **〔スコープマネジメント〕について，本文中の<u>下線①の狙い</u>は何か。30字以内で述べよ。**
（H26春PM午後Ⅰ問1設問1）

A **「起因する問題点の影響度から<u>要求の優先順位を付ける</u>。（25字）」**

K氏の説明，**「全ての要求を来年4月1日までに実現することはできない」の，正しい解釈は下記**です。

> **誤**：“要求は**一つも実現できない**”
> **正**：“来年4月1日までに**実現できる要求は，全数とまではいかない**”

限られた量しか実現できないため，取捨選択が要ります。この取捨選択の基準として，**K氏は「現状の業務上の問題点を解決することに重点を置き」ました。**言い換えると，**“現状の業務上の問題点の解決にならない話は，重点から外す。”**です。

この“重点から外す／外さない”を言い換えたものが，解答例に見られる「要求の優先順位を付ける。」という文字列です。

なお，**下線①の整理には，『PMBOKガイド 第6版』でいう“マトリックス・ダイアグラム”が向きます。**K氏は例えば，この図表の各行に「現状の業務上の問題点」を，各列に「関係部門の要求」を書き出し，**行と列の交点に，両者の関連の強さを示す◎○△を置く**，といった作業を行います。

参考：Project Management Institute, Inc.『プロジェクトマネジメント知識体系ガイド 第6版』(PMI[2017]p284)

6 E社でのシステム移行の「移行後5日間は，販売管理システムの利用方法・機能に関するインシデントが発生した」。**システム移行の「展開チームは，暫定的な回避策を作成してインシデントに対応した」**。
展開チームは「移行後5日間で（注：**サービスデスクの代わりに問合せを受ける**）**初期サポート活動を終了する予定**であった。**しかし**（略，注：**サービスデスクが**）**事前に引き継いだFAQだけではサービスデスクで対応できない問合せが度々発生している**状況である（略）」。

Q **サービスデスクがサービス利用者からの問合せに対応できるように，初期サポート活動の中で実施すべき内容を，40字以内で述べよ。**

（H27秋SM午後Ⅰ問3設問4（2））

A **「展開チームが初期サポート活動で実施した回避策をFAQに反映し，整備する。（36字）」**

「事前に引き継いだFAQだけではサービスデスクで対応できない問合せが度々発生している」ということは，**“「事前に引き継いだFAQだけ」じゃないFAQがあれば，サービスデスクは嬉しいかも？”と気づいた方は，良い勘**です。

本問では**システム移行の際，「展開チームは，暫定的な回避策を作成してインシデントに対応した」**そうです。**この，作成された「暫定的な回避策」を使わせてもらいましょう。**

似た理屈で答えさせる出題例，【→p157】もどうぞ。

こう書く！

「A社はB社に対して業務システムの設計，開発を**委託し，A社とB社は請負契約を結んでいる。**作業の実態から，**偽装請負とされる事象**」とくれば→**「B社の従業員が，A社を作業場所として，A社の責任者の指揮命令に従って**設計書を作成している。」（R04春AP午前問79選択肢ウ）

パターン 11「ソフトウェア工学」系

情報システム開発の，アカデミックな知識が得点につながる出題を集めました。学校等で習った方には有利ですが，これまでその機会が得られなかった方は［午前］対策の知識，特に **AP 試験［午前］の問 46 ～ 50 あたりの学習で得た知識を，さも自身が PM として実践してきたかのように，答案用紙に書きましょう。**

1　本問の**「G 社プロジェクト」は，土木工事業 G 社での「G 社工事管理システム構築プロジェクト」。**

………

〔WBS の作成〕の記述より，G 社 PM の「**H 課長は，G 社プロジェクトのスコープを定義することから始めた。**H 課長は，**まず，G 社工事管理システムを構成する全ての要素を**（注：**計五つ**）**拾い出した。それにプロジェクトマネジメントの要素を**（注：**一つ**）**加え**，図 1 に示す **WBS を作成した**」。「次に，H 課長は，①これらの六つの要素に関わる作業を全て完了すれば，G 社プロジェクトは確実に完了しているといえる関係であることを確認した」。

Q　**〔WBS の作成〕について，H 課長が，本文中の下線①の確認を行ったのはなぜか。30 字以内で述べよ。**　(H31 春 PM 午後 I 問 2 設問 1)

A　**「プロジェクトの要素に抜けがないことを確認するため（24 字）」**

WBS（Work Breakdown Structure）の作成によって，**漏れなくダブりなく―いわゆる “MECE（Mutually Exclusive, Collectively Exhaustive）” も確認しやすくなります。**解答例でいう**「抜けがないこと」の代わりに，適切に用語 “MECE” を使っても良い**ですね。

なお，MECE の概念を提唱したバーバラ・ミントは，これの正しい発音は “meece（ミーシ）” みたいな感じだと言っています。

2 **金融機関A社の「5年前の基幹システム構築プロジェクト」では，**開発委託先ベンダの**「X社，Y社それぞれが担当するシステム**（以下，**Xシステム，Yシステム**という）**の機能が基本的に独立するように分割し，それぞれのシステム内の接続機能を介して連携させることにした」。**

1.7ページ略，**5年前の「変更管理に関する問題」**は下記等。

・「**Y社が**，両システム間の結合テスト工程で，**接続機能以外のある機能について**，性能向上のために**詳細設計を変更した。**Y社では，**この変更はXシステムとの接続機能の仕様には影響しないと考えて実施したが，実際はXシステムと連携する処理に影響していた。**」

次ページ，**A社PMのB課長は，今回の「改修プロジェクトでは，変更管理委員会には3社が出席し，**⑥あることを確認する活動を追加することにした」。

Q **（略）B課長が変更管理委員会で確認することにした内容は何か。25字以内で述べよ。**

（R03秋PM午後Ⅰ問3設問3（1））

A **「設計変更が他方のシステムに影響を与えるか否か（22字）」**

正解はこれで良いとして。**“レグレッションテスト”の出題例**は**【→p281】**もご覧下さい。

A社が「Xシステム，Yシステム」という“縦割り”とした背景ですが，**A社は立場上，一方の会社を断り切れなかった**のですね。**X社とY社の「両社はIT業界では競合関係にあるが，ともにA社の大口取引先でもあるので，**5年前（略）A社社長の判断で**構築範囲を分割して両社に委託し，システム開発をマルチベンダで行う方針とした」**そうです。

この時の出題（R03秋PM午後Ⅰ問3）には**他にも，“マルチベンダ”という名のもとでX社とY社が足を引っ張り合い，板挟みとなったA社PMのB課長が苦労する話がいろいろと出てきます。**他人事として読む分にはいいです。

3 **アジャイル開発を採用することにしたS社では，「要件定義工程以降は，次の①～④のプロセスを繰り返す。**繰返しの単位を“イテレーション”という」。
①「(略) **今回のイテレーションで開発する機能を検討し，要件を確定する。」**
②と③は省略。
④「(略) **テスト結果を確認し，成果物と進捗状況を確認する。」**
次ページ，「システム監査人は，**次のイテレーションに向けて組み込んでおくべきコントロールとして，④のプロセスの後に実施すべきプロセスがある**と考えた」。

Q **(略) システム監査人が実施しておくべきであると考えた<u>プロセス</u>を，30字以内で述べよ。** (H25 春 AU 午後Ⅰ問1設問2)

A **「イテレーションの進め方を<u>評価し，次回に反映する</u>こと (25字)」**

つまりは“PDCA サイクル”です。
　今回は引用を省きましたが，**本文中の「2．開発企画書の概要」中の表現もヒントとして使えました。**その記述は，「S社では，これまでのウォーターフォール型の開発方法論に比べて，アジャイル開発の方法論は厳密に定義されているわけではない。そこで，開発ツールの使用方法及びチーム間のコミュニケーションについては，**修正を加えながら開発を進めていく**ことにする。」というものです。**この太字部分を参考にして，“次回に向けた<u>修正を加えながら</u>イテレーションを行う。(25字)”と答えることもできます。**

こう書く！

「インセプションデッキ」(R04 春 SA 午前Ⅱ問1選択肢イ) とくれば→**「アジャイル開発の初期段階において，**プロジェクトの目的，スコープなどに対する**共通認識を得るために，**あらかじめ設定されている設問と課題について関係者が集まって**確認し合い，その成果を共有する**手法」

4　**開発委託先U社からの提案（表1）は，進捗管理については**「・詳細設計は**作成したドキュメント量**，製造は**作成したコード量**（略）**で管理し，報告する。**」等。また，**品質管理については**「・保守性を重点ポイントとして，**コードレビューを実施する。**」等。
開発委託元P社のQ課長（PM）が求めた見直しは，「**・進捗管理に関する提案内容について，**（略）詳細設計と製造については，**作成した成果物の量が報告されているだけで，品質を確保するために必要な活動の進捗状況が評価できない。**定期的に⑥ある内容を報告してほしい。」等。

Q　**本文中の下線⑥について，Q課長が報告を求めている内容を，20字以内で述べよ。**
（H25春PM午後Ⅰ問4設問3（2））

A　「レビュー済の成果物の量（11字）」

Q課長は進捗管理について，表1の提案のままだと報告が"作成した量"の話だけで終わると感じました。量も大事ですが，Q課長は**加えて，「品質を確保するために必要な活動の進捗状況が評価でき」る情報も報告してほしいと考えています。**

そして**表1によると，**重点ポイントが「保守性」ではあるものの**「コードレビューを実施する」旨**が読み取れます。**これは「品質を確保するために必要な活動」だと言える**でしょう。

あとは，**これを「進捗状況が評価でき」るよう，できれば数値化したい…と言っても，レビューの量の単位には何を使うといいのか，よく分からない**ですよね。

本問の解答例では，**もう単位を考えるのをやめてしまい，**本文中にも見られる**「成果物の量」という言葉でまとめています。**

5 PMのT主任は上司から，**東京と大阪に分かれた**「“**複数拠点での開発であることを考慮し，拠点間でコミュニケーションエラーが発生するリスクへの対応**を追加すること。”との指示を受け」，下記の開発方針等を作成した。

・「②各機能モジュール間のインタフェースが疎結合となる設計とする。」

Q **本文中の下線②について，上司からの指示への対応として，インタフェースを疎結合とする設計は，何を実現でき，どのような効果があるか。（注：両方が読み取れるよう）35字以内で述べよ。** （R01 秋 AP 午後問9 設問1（3））

A **「作業の独立性を高め，コミュニケーションエラーのリスクを軽減する。（32字）」**

解答例の表現は，カンマまでが「何を実現でき,」を，後半が「どのような効果があるか。」を述べたものです。

AP試験［午前］にも出る“モジュール強度”と“モジュール結合度”。**本問は特に“モジュール結合度”の話ですが，これは一般に，低い（弱い）ほど良い**とされます。

本問の解答例は，**“では，モジュール結合度が低い（弱い）ことのメリットは？”と問われた時の，うまい答え方の例**としても使えます。

こう書く！

「**A社は，**B社に発注したソフトウェア開発と，それを稼働させるサーバとクライアントPCの売買が，**契約内容に適合しない事実を知った。民法の契約不適合責任に関する記述として，適切なもの**はどれか。ただし，A社とB社の間で契約不適合責任に関する特約は合意されていないものとする。」とくれば→**「A社には，契約不適合の程度に応じた目的物の修補，代替物又は不足分の引渡し，損害賠償，契約の解除，履行の追完請求後の報酬減額を求める権利がある。」**（R03 秋 AU 午前Ⅱ問15 選択肢イ）

6 **Q 社の「Q 社プロジェクト」では，「ソフトウェア結合テスト**（以下，**結合テスト**という）**のテスト項目の消化が終了した時点で，**（略）**目標とするテスト検出不具合密度を大幅に超過する障害が発生していた」。**PM の「R 氏は，**一旦プロジェクトを中断**してプロジェクト計画変更の検討を開始した」。

次ページの**表 5（見積りの前提条件）が示す，「再実施する結合テスト工程の障害の解消」のための前提条件**は下記の二つ。

・「(注：「基本設計」（空欄 b)）工程～結合テスト工程を再実施することで，**作業対象の障害件数は**，目標とするテスト検出不具合密度に収まり **120 件になる。**」

・「障害の解消には，**1 件当たり 2 人日の作業工数を要する。**」

次ページの**表 6 の内容は，本設問の正解を左右しない。**

次ページで「R 氏は，**プロジェクトを再開するに当たって**，進捗管理に加えて，**計画どおりの工数で完了できるかどうか**を見極めるため，**検証と監視を強化した**」。「**再実施する結合テスト工程の障害の解消**については，**表 5 及び表 6 の前提条件に基づいて**，③再実施する結合テスト工程で二つの指標の実績値を監視することにした」。

Q **本文中の下線③について，何の実績値を監視することにしたのか。25 字以内で述べよ。**

（R02AP 午後問 9 設問 4）

A **「障害の発生件数と 1 件当たりの解消の作業工数（21 字）」**

下線③には，文字列「再実施する結合テスト工程」が見られます。これをキーに全文検索すると，表 5 中にも同じく，文字列「再実施する結合テスト工程」が見つかります。どうやらこの 2 か所，つながりがありそうです。

そして**表 5 では，「再実施する結合テスト工程」で障害が解消されるための前提条件を二つ**，挙げています。**一つは“障害件数が 120 件に収まる”こと，もう一つは，“障害 1 件当たり，2 人日の作業工数である”こと**，です。

ですが**この二つ，見積りのための「前提条件」であって，“必ずこの値になるのだ”とは言っていません。**そこで**PM の R 氏は，見積りのための「前提条件」が崩れては困ると考え，これらの値の推移を注意深く監視することにしました。**これが，下線③に見られる「二つの指標の実績値を監視することにした」の意味です。

7 **SI 企業 A 社は，製造業 H 社から「生産管理システムの再構築プロジェクト」を受注する**ことになった。「再構築に当たっては，現システムの業務機能は変えずに，**アーキテクチャを刷新した新しいシステム**（以下，**新システム**という）**へ移行したい**とのことであった」。
次ページ，**A 社 PM の B 氏による確認では，「現システムは，これまで 10 年以上にわたって運用されており**，過去数回にわたり改修されてきたが，**設計ドキュメントは初期のものが残っているだけで，改修履歴は反映されていない**とのことであった」。
次ページ，協議の結果「**できる限り現システムの仕様を取り込むように開発を進めること**」等を条件に，プロジェクトは開始された。
「B 氏は，**今回の開発の進め方を考慮すると**，①総合テストで本番データによる現システムとの確認を徹底したとしても，新システムが現システムの全ての仕様を網羅しているという保証は得られないと考えた」。

Q **B 氏が，本文中の下線①のように考えた理由は何か。40 字以内で述べよ。**
（H26 春 PM 午後 I 問 3 設問 4（1））

A **「本番データが現システムの全テストケースをカバーしているわけではないから（35 字）」**

例えば，“**最近作った（閏年の処理にバグをもつ）システムが**，稼働していたのが**たまたま閏日よりも前だったので正常に動作していた**”ケース。このシステムに対して，**最近の（閏年・閏日が絡まない）本番データをテスト用に投入したとしても，閏年のバグは検出できません。**
A 社は，設計ドキュメントも整っているとは言えない「現システム」からの再構築プロジェクトを受注します。その際，**H 社側に，“「できる限り現システムの仕様を取り込むように」するけど，あくまでも「できる限り」であって完コピとまではいかないよ。”という旨の釘を刺しておいた**ようです。
その上で A 社の B 氏は，総合テストでは「本番データによる現システムとの確認」，すなわち**実際に使われたデータを流しても正しく処理してくれるか，確認を行います**。ですがこの確認にも限界があり，上記のように“**たまたま閏日よりも前だったので正常に動作していた**”**と似た理屈で未発覚のバグまでは，検出できません。**

8 本問の**「積上げ法」は，「システム設計の途中でWBSを一旦作成し，これに基づいてボトムアップ見積り」をする手法。**

………

L社の「前回プロジェクトの実装工程では（略）**コスト実績がコスト見積りを大きく超過した」**。次ページ，今後は「超過コストが発生しないようにするため，（注：L社PMの）**M課長は**（注：**今回の**）**本プロジェクトのコスト見積りに際して**，N君に」，1回目のコスト見積りでは概算値を早期に提出し，「2回目のコスト見積りは，**システム設計の完了後に**②積上げ法に加えてファンクションポイント（以下，FPという）法でも実施すること」等を指示した。

Q **本文中の下線②について，積上げ法に加えてもう一つ別の手法で見積りを行う目的を，30字以内で述べよ。** （R03春AP午後問9設問2（2））

A **「複数の手法を併用して見積りの精度を高めるため（22字）」**

聞かれているのは「目的」なので，目指す答は“（…する）ため”。

理由や背景を問われていると勘違いして“前回しくじったから”と答えたり，本文からは読み取れない話を脳内補完して“N君への教育のため”とかを答えると，バツです。

コラム **漢字かきとりテスト（プロジェクトマネジメント編）**

これを機に，正しい漢字を心掛けて下さい。ですが**本当に書けない漢字なら，本番の試験では平仮名で逃げて下さい。**これによって文の密度は薄まりますが，**変な誤字で減点されるよりは幾分マシです。**

1. まずはプロジェクト けんしょう を書く。しんちょく ダメだけど書く。
2. かいしゅう（手直し）するシステムの ようけん を定義できる者がいない。
3. PMから けんげん を いじょう されたが，ほうしゅう が変わらず，つらい。
4. その件は損害保険を活用し，リスクの てんか または いてん を図ろう。
5. じゅん いにん 契約の例はSES契約。ぎそう うけおい には注意。

………

【正解】1. 憲章，進捗（注：“捗”の右側は“歩く”ではない。） 2. 改修，要件 3. 権限，委譲，報酬 4. 転嫁，移転 5. 準委任，偽装請負

9 **L社PMのM課長は**，「生産管理システム開発プロジェクト（以下，**本プロジェクト**という）」**のコスト見積りに際して**，2回行う内の「**1回目のコスト見積りは**，システム設計の初期の段階で，**本プロジェクトに類似したシステム開発の複数のプロジェクトを基に**類推法によって実施して，概算値ではあるが，できるだけ早く**提出すること**」等をN君に指示した。
次ページ，N君は「1回目のコスト見積りを類推法で実施し，その結果をM課長に報告した。その際，L社が（注：親会社から最近）独立する前も含めて実施した**複数のプロジェクトのコスト見積りとコスト実績を比較対象にして**，概算値を**見積もったと説明した**」。しかし「M課長は，“③自分がコスト見積りに対して指示した事項を，適切に実施したという説明がない”とN君に指摘した」。

Q **（略）本文中の下線③で漏れていた説明の内容を40字以内で答えよ。**

（R03春AP午後問9設問3）

A **「本プロジェクト類似の複数のシステム開発プロジェクトと比較していること（34字）」**

いやな上司ですね。**本問，M課長とN君の発言の差分がヒントです。**

M課長：「**本プロジェクトに類似した**システム開発の**複数のプロジェクト**を基に類推法によって実施して，概算値ではあるが」
N君　：「**複数のプロジェクト**のコスト見積りとコスト実績を比較対象にして，概算値を見積もった」

M課長の怒りを通訳します。

“N君には「本プロジェクトに類似したシステム開発の複数のプロジェクト」を使って見積るように指示した。だが**N君からの説明を字義通りに解釈すると，それは数を集めただけ，ただ「複数のプロジェクト」を使っただけの見積り**なのではないか。数こそ「複数」だが，**そのうち何件が「本プロジェクトに類似したシステム開発」なのかが読み取れない**（最悪ゼロ件かもしれない）。ちゃんと言うなら，**N君には「本プロジェクトに類似したシステム開発」のプロジェクトを，複数件使って，見積ってもらいたい。**”

このため**マルをもらうには，皆さまが書く答から，「本プロジェクトに類似した」「複数の」プロジェクトであるという，両方を読み取れる必要があります。**

パターン 12 「スコープ確定」系

スコープの確定は開発側の都合だけでなく，要件定義の最終的な責任をもつユーザ側にも左右されます。このように外部的な要因を考えさせる出題も，本パターンに含めました。

1 表 1 より，**飲料メーカ Q 社での今回のプロジェクトの開発対象のうち「リベート」サブシステムは，「年 2 回（6 月 1 日，12 月 1 日）実施する，払戻し金額の計算と顧客企業への払戻しの通知の機能」をもつ。**
次ページ，**PM の「R 氏は**，販売部門に（注：システムの）稼働日についてヒアリングして，**" 業務の都合上，2020 年 6 月 30 日に稼働させてほしい " との回答を得た」。**
「6 月 29 日までのプロジェクトの作業可能な日数は 100 日であった」。
1.8 ページ略，**R 氏は「" 稼働日を考慮し**，①リベートサブシステムを 6 月 30 日に稼働するスコープから外す " **ことを提案**することにした」。

Q **本文中の下線①について，R 氏がリベートサブシステムを 6 月 30 日の稼働のスコープから外せると考えた理由を 40 字以内で述べよ。**

(R02AP 午後問 9 設問 2（2))

A 「稼働日からリベートサブシステムの機能を実施する日まで期間に余裕があるから（36 字)」

" 次にリベートサブシステムを稼働させる 12 月 1 日までは，まだ期間があるんだから，とりあえず後回しで。" の旨が読み取れる表現なら，加点されたと考えられます。

そして今回は引用を省きましたが，**本問のプロジェクト，元々の稼働目標は「2020 年 3 月末」でした。**ですが結合テストで不具合が出まくり，**PM の R 氏が（たぶん経営会議と販売部門の両方に頭を下げまくって）なんとか稼働日を後倒しにしてもらった**，という事情もあります。

これを踏まえて下線①を読み直すと，趣がありますね。

2 「幾つかの新しい保険商品を提供するための**G社のシステム開発プロジェクト**（以下，**Gプロジェクト**という）」PMの「**H氏は，プロジェクト計画の作成を開始した。**Gプロジェクトのスコープは販売する保険商品やその販売状況に左右される。**先行して販売する保険商品は決まったが，これに対する顧客の反応などを含む事業の進展状況に従って，プロジェクトのスコープが明確になっていく。**Gプロジェクトを計画する上で**必要な情報が事業の進展状況によって順次明らかになることから，**H氏は，④ある方法**でプロジェクト計画を作成する**ことにした」。

Q **本文中の下線④について，H氏がGプロジェクトの計画を作成する際に用いたのは，どのような方法か。35字以内で述べよ。**

（R03秋PM午後I問1設問2（1））

A **「計画の内容を事業の進展状況に合わせて段階的に詳細化する。（28字）」**

もし本問が“下線④の名称を答えよ。”なら，その答は『PMBOKガイド 第7版』でいう**“ローリング・ウェーブ計画法”**です。

高度試験［午前Ⅱ］では，「PMBOKガイド 第5版によれば，プロジェクトスコープマネジメントにおいて，**WBSの作成に用いるローリングウェーブ計画法の説明**はどれか。（H29春PM午前Ⅱ問4）」**の正解**として，「ウ **将来実施予定の作業については，上位レベルのWBSにとどめておき，詳細が明確になってから，要素分解して詳細なWBSを作成する。**」を選ばせました。

ところで本問，書くべき答は“下線④の**名称**”か“下線④の**進め方**”かで私は迷いました。**答案用紙に“ローリング・ウェーブ計画法（13字）”と書いてもマス目がスカスカなので，書くべきは“下線④の進め方”だと想像はつきます。**

そこで，もし字数に余裕があれば，“下線④の**名称**”と“下線④の**進め方**”の**両方でフタマタをかける**のも手です。**下記を読んだ採点者は，字数オーバ以外の理由でバツをつける理由が思いつきません。**

“ローリング・ウェーブ計画法を用い，計画の内容を事業の進展状況に合わせて段階的に詳細化する。（45字，字数オーバ）”

参考：Project Management Institute, Inc.『プロジェクトマネジメント知識体系ガイド 第7版＋プロジェクトマネジメント標準』（PMI日本支部［2021］p49, p253）

3 システムを更改するP社では，「**会計システムは**R社が製造業向けに提供している**SaaS**を（略）**利用することにした**」。
主に利用する**P社の経営企画部と経理部**は「**SaaSの機能について**，P社向けに**一部の改修を要求している。両部は，“この改修を加えれば，十分に業務に適合可能である”と判断している**」。
1.8ページ略，PMのS課長が**情報システム部の**「**Q部長に説明したところ，会計システムの更改においては**，①フィット＆ギャップ分析が完了した時点で，必要に応じて作業一覧と作業工程図を修正するよう，指示があった」。

Q **本文中の下線①について，どのような場合に，作業一覧と作業工程図を修正する必要があるか。30字以内で答えよ。** （H31春AP午後問9設問1（2））

A **「カスタマイズの規模が事前の想定とかい離した場合（23字）」**

この答で，なぜ正解？
本問のヒントは，部署名。Q部長は情報システム部，ユーザ側は経営企画部と経理部です。**部署が違うと，情報システム開発についての認識やノウハウの量が変わります。**

どうやら情報システム部の**Q部長は，経営企画部と経理部が言う，SaaSの機能の一部改修という「“この改修を加えれば，十分に業務に適合可能である”」という主張を，あんまり信じてはいません。**Q部長が下線①の発言に至ったのは，情報システム開発が専門とは言えない**両部署が，後から“やっぱりあの機能がどうたら。”とか言ってプロジェクトを引っかき回す可能性は高い**と予想したからでした。

そこにはQ部長の“情報システムについては我々の方がプロだ。”という自負も，うっすらと読み取れます。**両部署が主張する“大丈夫”を鵜呑みにすると後で泣く，そんな未来がQ部長には見えていた**のでした。

こう書く！

適切な，「JIS X 25010:2013（システム及びソフトウェア製品の品質要求及び評価（SQuaRE）ーシステム及びソフトウェア品質モデル）で規定された品質副特性の説明のうち，**信頼性**の品質副特性の説明」とくれば→「中断時又は故障時に，製品又はシステムが**直接的に影響を受けたデータを回復し，システムを希望する状態に復元する**ことができる度合い」（R04秋PM午前Ⅱ問14選択肢ウ）

4 **SI企業A社は，製造業H社から「生産管理システムの再構築プロジェクト」を受注する**ことになった。

次ページ，「**H社の契約窓口からは，“新システムは**，現システムの業務機能は変えずに，アーキテクチャを刷新するものであり，**仕様が明確である。”との見解**に基づき，全工程を請負契約で締結することを求められている」。

A社PMの「B氏は，現システムの状況について**現システムの保守担当者に確認した。**現システムは（略）過去数回にわたり改修されてきたが，**設計ドキュメントは初期のものが残っているだけで，改修履歴は反映されていない**とのことであった」。

Q **（略）B氏は，H社の契約窓口の見解と現システムの状況にはギャップがあり，全工程を請負契約で締結することはリスクが大きいと考えた。そのギャップとは何か。また，リスクとは何か。それぞれ40字以内で述べよ。**

（H26春PM午後Ⅰ問3設問1）

A **【ギャップ】「仕様が明確という見解と設計ドキュメントに改修履歴が反映されていない状況（35字）」，【リスク】「改修で変更された機能が実装されず手戻りが発生して納期に遅れること（32字）」**

「請負契約」を締結してしまうと，完成責任**【→p185】****も生じます。**

「H社の契約窓口」からは“大丈夫！ システムの外ヅラは変わらないから簡単です。全部そっちで請け負っちゃって下さい。”みたいに言われたようです。

ところが内情を知る「現システムの保守担当者」に聞くと，「設計ドキュメントは初期のものが残っているだけで，改修履歴は反映されていない」と，不穏な空気が漂います。なので**【ギャップ】側の加点には，書いた答から，この両者の言い分の違いが読み取れることが必要です。**

そして**【リスク】側の答に「手戻りが発生」という言葉が使われた背景について。**今回は引用しませんでしたが，本問の場面設定は某年2月，そして「現システムの保守担当者」は6月末に退職するそうです。このため**引継ぎ期間のエンドが決まっていて，手戻りは絶対に許されなかった**，ということから生じた表現のようです。

5 S社の「システム部長は，**開発を進めながら要件を柔軟に追加・変更して，ビジネスの変化に対応できるアジャイル開発**の採用を提案した」。
2.0ページ略，「開発チームのメンバの中には，アジャイル開発ではドキュメントを全く作成する必要がないと考えている者がいた。システム監査人は（略）**計画段階で作成しておくべきドキュメントまで作成しないのは，リスクがある**と考えた。**そこで，システム化の目的を記述したドキュメント，及び開発を開始する際に必要な要件，スコープなどを記述したドキュメントの作成状況を確認した**」。

Q **システム監査人が考えた，計画段階でドキュメントを作成しない場合のリスクを，25字以内で述べよ。** （H25春AU午後Ⅰ問1設問1（1））

A **「スコープ外の要求まで取り込んでしまうリスク（21字）」**

本問では**「計画段階で作成しておくべきドキュメントまで作成しない」ことのリスク**を聞いているので，**“開発の計画段階がグダグダになる話”**を書きましょう。
そして**ヒントは「そこで,」以降**の記述。

「そこで,」は解決策の目印。

本問の解答例も，「そこで,」以降のヒントから分かる，**下記の①と②を混ぜて書かれたもの**です。

① **「システム化の目的を記述したドキュメント」の作成で回避できるリスク**，とは？
→答の候補は**“無目的なまま，突き進むリスク”**等。

② **「開発を開始する際に必要な要件，スコープなどを記述したドキュメント」の作成で回避できるリスク**，とは？
→答の候補は**“要件やスコープが曖昧なまま，突き進むリスク”**等。

なお，**設問が問うのは決して“ドキュメントを残しておかないことのリスク”ではありません。**こう問われた場合，**答の候補は“保守性の低下”**に変わります。

6　**SI企業T社のU課長は，K社へは「W社製のソフトウェアパッケージ**（以下，**W社パッケージ**という）**を導入するのがよいと判断した**」。
1.7ページ略，**導入プロジェクト初期の「ワークショップでは，W社パッケージの標準プロセスと**（注：**K社の**）**現在の業務手順との違いを机上で確認し，差異一覧としてまとめる**」。
次ページ，**K社側からの回答は**，「**・K社の作業員は全員**（略）**ワークショップに集中させることは難しい。**（略）できる限りT社だけで実施してほしい。」等。
これらを受けて**U課長が行った提案は**，「**・ワークショップで行う**（略）**違いの確認は，要件定義におけるスコープ確定の前提にもなる**ので，K社が主体となって実施することが大切であり，そのためにもワークショップへの参加は不可欠である。（略）T社だけがリソースを増員しても，K社の役割を代替することはできない。②K社がどの程度工数を投入可能かによってプロジェクトのスコープを確定したい。」等。

Q　**U課長が，本文中の下線②の提案をした理由は何か。40字以内で述べよ。**
（H29春PM午後Ⅰ問1設問3（1））

A　**「T社で調整できない要因でスコープが確定できないリスクを回避したいから（34字）」**

T社の**U課長が心配する点は，“もし，K社の「現在の業務手順」と，「W社パケッケージ」が提供する「標準プロセス」との「違いの確認」に失敗すると，それはすなわち，今回のK社への導入プロジェクトの「スコープ確定」の失敗を意味する。”**です。
そして実際のところ，「K社の作業員は全員（略）ワークショップに集中させることは難しい」ようです。そこで**妥協案としてU課長は，“であればT社として，やれることはやりますが。キッチリと「違いの確認」が（ひいては「スコープ確定」が）できるかは，K社側がどれだけヒトを出してくれるかに懸かっていますよ。”という旨を伝えた**のでした。**これが「下線②の提案」**です。
そして**K社側がどれだけヒトを出してくれるかは，T社の努力だけでは左右できません。これが解答例の冒頭，「T社で調整できない要因」の意味**です。

“記述式”の加点基準例

この算出例は，筆者が独自に作成したものです。その妥当性について何ら保証いたしませんが，手探りで過去問題に立ち向かう多くの受講者様から感謝の言葉を頂きました。ぜひ活用して下さい。

加点基準例（80 字程度までの記述に対応）

加点対象：下記の % 値を順次，加算する。
① 公式の解答例と見比べて，大筋で合っていますか？（50%）
② 事情を知らない人が読んでも文意が伝わりますか？（30%）
③ 問われた質問に対する“回答”となっていますか？（10%）
④ ふさわしい専門用語を使っていますか？（10%）

減点対象：上記の合計％値から順次，下記の % 値を減算する。
⑤ 全角換算で，制限字数を超えていますか？（100%）
⑥ 誤字や脱字はありますか？（一つでもあれば 30%）
⑦ 書いた字数は，制限字数の 20% 以下ですか？（20%）
⑧ 書いた字数は，制限字数の 40% 以下ですか？（20%）
⑨ 書いた字数は，制限字数の 60% 以下ですか？（20%）

これに沿えば，**仮に書いた字数が制限字数の 40% であっても，本当にふさわしい文が書けていれば，①＋②＋③＋④－⑧－⑨＝ 60% の得点**，と考えます。

たとえ短くても，何かをズバリと書くのが得策だと言えます。

第4章

これぞパターン！「サービスマネジメント」60問

》》 パターン1　「悪手を見つけた→反対かけば改善策」系 2問

》》 パターン2　「引き返す勇気」系 4問

》》 パターン3　「FAQに書いと」系 4問

》》 パターン4　「自動化させてラクをする」系 3問

》》 パターン5　「手早い把握は“構成（コーセイ）！”」系 7問

》》 パターン6　「拡張性なら“クラウド”」系 3問

》》 パターン7　「理由は“空（す）いてる”」系 4問

》》 パターン8　「容量・能力」系 7問

》》 パターン9　「切分けのノウハウ」系 2問

》》 パターン10　「インシデントの対応」系 6問

》》 パターン11　「可用性」系 3問

》》 パターン12　「判定ルールの勘どころ」系 3問

》》 パターン13　「BCP・ディザスタリカバリ」系 6問

》》 パターン14　「その他のお仕事」系 6問

パターン1 「悪手を見つけた→反対かけば改善策」系

この試験で答を書く時，自身のKKD（勘，経験，度胸）だけに頼ってはいけません。AP試験［午後］問10（サービスマネジメント）で**正解を迷った時の判断基準は，原則，ITILまたはJIS Q 20000シリーズ**です。
そしてもっと大切な基準は“本文中にはどう書いてあったか”。本パターンで，その答え方のコツを得て下さい。

1 「稼働開始から短期間で**多数の利用者数を見込んでいる“Web契約更改システム”が，計画どおりには活用が進んでいない**可能性が高いと考え」たA社の内部監査部が，**営業推進部にヒアリングした結果（表3）**は下記等。

項番4：「**活用状況をモニタリングする仕組みを備えていない**ので，今回のヒアリング用に，情報システム部に依頼して直近の利用者数を把握していた。」

項番5：「稼働直後の数か月間は情報システム部に依頼して利用者数を把握していたが，**検証予定時期をあらかじめ定めていなかった**こともあり，その後は利用者数を確かめていなかった。」

Q **表3の項番4及び項番5のヒアリング結果を踏まえて，内部監査部が確かめるべき，稼働後の活用状況の確認を適切に実施するための対策を二つ挙げ，それぞれ25字以内で述べよ。** (R02AU午後I問3設問3)

A **【順不同】「活用状況のモニタリングの仕組みを構築する。（21字）」「活用状況の検証予定時期を定めておく。（18字）」**

やっつけ仕事で“改善策”を答えたければ。

ネガティブな言葉，語尾を変えれば改善策。

各項番に見られるネガティブな表現，「活用状況をモニタリングする仕組みを**備えていない**」，「検証予定時期を**あらかじめ定めていなかった**」**の各語尾に，まずは文字列“（…という悪い話）を改善する。”をくっつけて下さい。**
このままだと日本語として変なので，表現を整えた上で記入しましょう。

2 本問の「RFC」は“Request For Change（変更要求）”,「ROI」は“Return On Investment（投資収益率，いわゆる費用対効果）”。

………

物流企業**B社では**，「物流管理サービスへの**変更要求**（以下，RFCという）**の件数が増加し，変更管理に関する問題が顕在化してきた**」。

B社では現在，「RFCの依頼者は，依頼部署の上司を写し受信者として，電子メールで提出すればよいので，**依頼者の個人的な見解に基づくRFCもある**」。

次ページ，**改善に向けた表1中の手順案**は下記等。

・「変更依頼者は，RFCの内容を取りまとめて，①自部署の部長の承認を得た後，変更管理マネージャに提出する。」

・「RFCの承認及び差戻しの判断基準には，ROIと実現可能性を考慮する。」

Q 表1中の下線①の狙いを，25字以内で答えよ。

（R03秋AP午後問10設問1（1））

A 「依頼者の個人的な見解に基づくRFCの撲滅（20字）」

本問，好き勝手に言ってくるRFCに困っています。そこで「自部署の部長の承認」や「ROIと実現可能性を考慮」といった，**承認に客観性をもたせる仕組みを取り入れることで，遠回しに“そのRFCってあなた個人の感想ですよね？”と論破して，面倒を減らす**ことにしました。

本問には続きがあります。本文中に，「**RFCは**，事業環境の変化などに対応する**適応保守と**不具合の修正などの**是正保守に大別される。適応保守には，売上げや利益を改善するための修正や法規制対応などが含まれる。**」と示した上で，表1の手順案について部長が「**適応保守の中には**，②ROIと実現可能性だけで判断すべきではないRFC**もある**ので，RFCの承認及び差戻しの意思決定には，この点も考慮すること。」と述べます。**設問2（1）では，この下線②の「該当するRFCを本文中の字句を用いて」答えさせました。**

もちろん**正解は「法規制対応のRFC」**です。**適応保守のうち「売上げや利益を改善するための修正」についてはROIと直結する話**なので，正解候補から外れます。

パターン2 **「引き返す勇気」系**

システム移行時にトラブってしまい，定刻までに作業が終わらないケース。これを防ぐために必要な（消極的な）手順が，本パターンに見られる“切り戻し”です。
そして**モタモタせずに切り戻すためには，その判断を適切に下せるよう，事前に“切り戻し”発動の条件を決めておく**ことも大事です。

1 B社での〔変更管理の現状〕の記述は，**稼働環境への「展開作業が予定時間に完了しない場合を想定しておらず，終了予定時刻を超過しても展開作業を継続し，サービス開始を遅延させてしまう**ことがある。」等。
1.9ページ略，C部長の指摘は，「現状，“展開作業がサービス停止時間帯内に完了しない事例”が発生している。（略）**サービス開始を遅延させないための**④展開作業時に実施する可能性のある作業を計画すること。」等。

Q **本文中の下線④の内容を，20字以内で答えよ。**

（R03秋AP午後問10設問2（3））

A **「切り戻し計画の作成（9字）」**

ゆるくないキャンプや登山で大切なのは“引き返す勇気”。荒天時などに根拠もなく“まだいける，まだ大丈夫！”と考えてしまう正常性バイアスは，死ぬ元です。

本問では答として，“「展開作業時に（注：耐えられないほど遅れた場合に）実施する可能性のある作業」の計画”という，「切り戻し計画の作成」を書かせました。

この「切り戻し計画」のほか，**展開作業中に参照するものとして，“切り戻しの発動を決める，客観的・定量的な判断基準も，事前に策定しておく。”と書かせる出題**【→p229】にも備えて下さい。

2 S 社のシステム監査人は，**「新システム」への「移行作業中に予期せぬトラブルが発生したときの対応が，移行手順書に記載されているかどうか確認した。**トラブル発生時の連絡体制及び責任者が明記されていたので，**移行作業の継続又は中止に関するコントロールを中心に確認した」。**

Q **（略）システム監査人が確認したコントロールを，30 字以内で具体的に述べよ。**
(H24 春 AU 午後 I 問 4 設問 4)

A **「移行を中止する場合の判断基準が明確になっていること（25 字）」**

移行作業中にマズくなった時の備えとして，**事前に，「移行作業の継続又は中止」を客観的に判断できる基準を策定しておく形**が理想です。

移行作業でトラブった，とくれば“切り戻し”
切り戻し，とくれば“その発動の基準を決めておく”

「コントロール」の和訳は“統制”。悪くならない，悪いことをしないようにするための歯止めとなる仕掛けを指します。ですので本問，これもシステム監査人が確認したことの一つだ，とかの屁理屈をこねて“**移行作業中の「トラブル発生時の連絡体制及び責任者が明記されてい」ること**”**とは答えないように！**

本問は，マズい移行作業を強引に進めてトラブってしまうことを防ぐ，歯止めについて問うものでした。

こう書く！

「BCM（Business Continuity Management）において考慮すべき**レジリエンス**の説明」とくれば→「不測の事態が生じた場合の組織的対応力や，**支障が生じた事業を復元させる力**」（R04 春 ST 午前Ⅱ問 18 選択肢エ）

3 「稼働開始から短期間で**多数の利用者数を見込んでいる"Web 契約更改システム"が，計画どおりには活用が進んでいない**可能性が高いと考え」た A 社の内部監査部が，営業推進部にヒアリングした結果（表 3）は下記等。

・「利用開始から約 2 年経過した**現時点での利用者数は，当初推定の約 3% にとどまっていた。**」

続く**〔営業推進部の課題認識〕の記述は**，営業推進部は「特に，計画どおりには活用されていないことを認識した時点で，**利用を継続するか，又は廃止するかの判断を確実かつ速やかに実施するための新たなルールが必要**だと，強い課題認識をもっていた。」等。

Q **〔営業推進部の課題認識〕の記述を踏まえて，内部監査部が確かめるべき，利用の継続か廃止かの判断を確実かつ速やかに実施するための対策を，35 字以内で述べよ。**
（R02AU 午後 I 問 3 設問 4）

A **「利用継続か廃止を判断するための基準値を稼働前に定めておく。（29 字）」**

ブレーキをかける仕掛けを作っておく，他の出題例は【→ p314】等を。「現時点での利用者数は，当初推定の約 3%」とあるように，数値に基づく分析は，もうできています。**あとは，やるか止めるかの"if 文"を書くだけです。**

本文中の他の記述によると，A 社の内部監査部による「昨年度のインタビューでは，社長が"投資をして開発したにもかかわらず，十分に使われていないシステムがあるのではないか"と発言していた」そうです。会社のトップも大コケに気付いていた本システム，「システム開発計画段階では，**外部コンサルタントの予測数値を基に稼働後の利用者数を推定していた」とのこと。**コンサルから調子のいい数字を見せられて，つい乗せられてしまったのかもしれません。

こう書く！

「**コンテナ型仮想化**の説明」とくれば→「**アプリケーションの起動に必要なプログラムやライブラリなどをまとめ，ホスト OS で動作させる**ので，独立性を保ちながら複数のアプリケーションを稼働できる。」（R03 秋 AP 午前問 14 選択肢ア）

4 **SI 企業 A 社は，製造業 H 社から「生産管理システムの再構築プロジェクト」を受注する**ことになった。

2.8 ページ略，**A 社 PM の B 氏は，現システムから新システムへの「移行後も一連の月次処理を行う 1 か月の間，現システムと新システムを並行運用して，新システムのリスクに対応する**必要があると考えた」。

Q **B 氏が（略）移行後も現システムと新システムの並行運用を行うことで対応するとした，<u>新システムのリスク</u>とは何か。また，その<u>対応策</u>（注：意味は“ リスクが顕在化した時の<u>対処法</u> ”）とは何か。それぞれ 20 字以内で述べよ。**

（H26 春 PM 午後 I 問 3 設問 4（2））

A **【リスク】【内一つ】「実装が漏れている機能が発見される。（17 字）」「処理結果に不一致が発見される。（15 字）」，【対応策】【内一つ】「現システムの処理結果を使う。（14 字）」「現システムに切り戻す。（11 字）」**

解答例の【対応策】の一つ，「現システムに切り戻す。」と同じ発想で答えさせる他の出題例は，【→ p228】を。

本問はプロジェクトマネージャ（PM）試験からの引用ですが，**システム移行に伴うトラブルの対処法を問う**ため，AP 試験［午後］問 10（サービスマネジメント）向けにと載録しました。

なお，より情報システム開発寄りの対処を読みたい方は，本問の一つ前の小問【→ p215】もご覧下さい。

こう書く！

「サービスマネジメントにおける**問題管理の目的**」とくれば→「インシデントの**未知の根本原因を特定し**，インシデントの**発生又は再発を防ぐ。**」（R04 秋 AP 午前問 55 選択肢イ）

パターン3 「FAQに書いと」系

よく聞かれることならFAQに書きましょう。ですがいきなり**"FAQを書くことのメリットは？"**と問われても，なかなかうまく説明できません。**ベタに答えるなら"聞かれる側がラク"**なのですが，試験の答にふさわしい模範的な表現は，本パターンの解答例で得て下さい。

1　P社の「Webサイトには，**サービスデスクを利用しなくても利用者自身で解決可能な内容を，FAQとして掲載している。**FAQは，問合せDBの中から**問合せ頻度が高いサービス要求を抽出し**（略）サービスデスクで**定期的に更新している**」。

Q　**サービスデスクにとって期待できるFAQ利用の効果について，30字以内で述べよ。**

（H29秋SM午後Ⅰ問3設問1（1））

A　「サービス要求件数の削減が期待できる。（18字）」

"サービスデスク側の手間が減る"旨が書けていれば，マルです。

やっつけ仕事で答えるなら**"「サービスデスクを利用しなくても利用者自身で」勝手に解決してくれる。（34字，字数オーバ）"**だとして。カギ括弧を取ると32字，そして「…利用しなくても利用者自身で勝手に…」を**"…使わなくても利用者が自ら…"に変えると28字**です。

あと，P社では「問合せ頻度が高いサービス要求」を基にFAQを更新しています。まさに，F（Frequently）A（Asked）なQ（Questions）です。

こう書く！

「ステージング環境」とくれば→「**本番環境とほぼ同じ環境**を用意して，システムリリース前の最終テストを行う環境」（R04春NW午前Ⅱ問25選択肢エ）

2 いわゆるBYOD，**Z社での「個人が所有するモバイル端末の業務利用」の導入に当たっての，システム監査での発見事項**は，「プロジェクトチームが検討した**対応事項の中に，ヘルプデスクの強化が含まれていない。**モバイル端末の機種・OSの多様さによる，モバイル端末利用に関する**問合せ件数の増加**及び**内容の多様化**が考えられるので，**ヘルプデスク業務の変化に応じた対策を検討する**必要がある。」等。

Q **（略）システム監査人が想定した対策を二つ挙げ，それぞれ15字以内で述べよ。**
（H26春AU午後Ⅰ問3設問5）

A **【順不同】「想定FAQを作成し公開する。（14字）」「専用問合せ窓口を設置する。（13字）」**

解答例の二つはそれぞれ，**前者が主に「問合せ件数の増加」への，後者が「内容の多様化」への対策**です。

コラム **“である”で学ぶ“する”の出題**

機器やサービスが，**ある機能を“もつ（=○○である）”という事実と，その機能を“実際に働かせる（=○○をする）”とを切り分けて考える練習**です。今まで常識と考えていたことを丹念に疑う学習手法を，ご紹介します。

システム構築の経験が…	メリット
浅い人には	“脳内構築”の良い題材となる。
深い人には	ピントの甘い表現を排除できる。

［午前］の試験は知識問題，出題の中心は“である”です。ここから背後に潜む“する”に至る訓練を，過去に出題された［午前］を使って進めて下さい。

例として，**“秘密鍵は当人が秘密に持つものである。”と，“危殆化すると，その大前提が崩れる。”**や，**“通信経路を遮る形でIPSが設置されている。”と，“運用時には，そこが信頼性や通信速度のボトルネックとなる。”**など，表裏一体の関係を脳内でひも付けます。

この訓練で，限られた知識が3倍，いやそれ以上にも膨らみます。

参考：丸山眞男「『である』ことと『する』こと」（『日本の思想』より）（岩波書店［1961］p154-170）

3 F 社の**サービスデスクの「現在のオペレータ要員体制ではサービス提供時間帯を拡大できないので，よくある問合せとその解決策を FAQ として整備し**，要望があった利用部門に**提供した**」。
「**FAQ の利用は，サービス利用者の一部に限られていたが**，FAQ は，**ある程度有効に機能していることが分かった**」。そこで IT サービスマネージャの「T 氏は，(ウ) 今後，FAQ を社内の Web に公開することによって，サービスデスクに関わる利点が期待できると考えた」。

Q **（略）本文中の下線（ウ）について，期待できる利点を，実施すべき活動内容とともに，50 字以内で述べよ。** (H27 秋 SM 午後 I 問 2 設問 3)

A **【内一つ】「サービス利用部門に FAQ の利用を推奨することによって，サービスデスクが扱う問合せ件数が減少する。（48 字）」「サービス利用部門に FAQ の利用を推奨することによって，利用者自身が要求解決を早期に実現する。（46 字）」**

本問の解答例は，下記の②と①を，意味が通るようにくっつけたものです。
まず，サービスデスクは現状，手一杯です。**FAQ の拡充によって「期待できる利点」とくれば，①“問合せに答える手間と時間が減る。”**です。
そこで，サービスデスクでは「よくある問合せとその解決策を FAQ として整備」しました。**FAQ 化による一定の効果は見られましたが，その利用は「サービス利用者の一部に限られていた」**そうです。
これを踏まえると，**設問での指定通りに「実施すべき活動内容とともに」答えるには，“一部の人に限らず，皆さまに使ってもらえるようにする”旨も盛り込みます。**
なお，**T 氏は「FAQ を社内の Web に公開する」ことを考えています。**
このため**「実施すべき活動内容」には，②“社内の Web に公開する FAQ を，皆さまに使ってもらえる活動”を据えると良い**でしょう。

4 **A社のシステム部は，営業部員に「営業支援サービス」を提供する。**同サービスは「<u>① D社が提供しているSaaSであるEサービスを採用し，一部の機能をアドオン開発して，提供する</u>」。
2.0ページ略，表3（インシデント管理の手順）中の**「エスカレーション」では，A社のシステム部のサービスデスクが作成・整備する「対応手順書を使って解決できないインシデントは**（略）**エスカレーション先に調査を依頼する」**。
次ページでA社のC課長が計画した，**「Eサービスがアップグレードされる場合に必要となるシステム部の作業」**は，**A社の「サービスデスクは，**（注：**D社からの「リリースノート」**（空欄e)）**に基づいて**（注：**A社システム部の**）**開発課と協議し，**［　f　］**を判断する。**判断の結果に応じて，サービスデスクは，必要な作業を行う。」等。

Q **本文中の**［　f　］**には，<u>サービスデスクで実施する作業に関連する内容が入る。その内容</u>について，20字以内で答えよ。**（R03春AP午後問10設問4（2））

A **「対応手順書の修正が必要かどうか（15字）」**

A社システム部のサービスデスクでは，「対応手順書」を作成・整備しています。そして，**A社が採用する「SaaSであるEサービス」がアップグレードされると，場合によっては「営業支援サービス」の対応手順も変わるため，「対応手順書」を修正する**可能性が出てきます。

「Eサービスがアップグレードされる」と，特にアップグレードからしばらくの間は，営業部員からA社のサービスデスクへの問合せも増えると予想されます。この問合せを全てエスカレーション先（D社）に振るのも変なので，**サービスデスクの仕事である“「対応手順書」の整備”すなわち加筆修正によって，インシデントをA社内に閉じた形で解決させることを考えます。**

こう書く！

適切な**「問題管理の活動」**とくれば→「問題を特定するために，インシデントの**データ及び傾向を分析する。**」（R03秋AP午前問54選択肢エ）

パターン4 「自動化させてラクをする」系

“人間がやるとミスりやすい。では，どうすれば良い？”とくれば“自動化させる”。そして**“自動化させるメリットは？”とくれば“速くて正確”**。これらを軸に答えさせる出題を集めました。

1 **全国に20の支店をもつH社での，「IT資産管理の管理対象は，ハードウェア資産及びソフトウェア資産である」。事業所（本社と各支店）ごとに任命される「PC管理者は，**PC管理者が所属する**事業所の社員が使用するPCのIT資産管理を行っている」。**

次ページ，ITサービスマネージャの「Q氏は，(ア) IT資産管理の精度向上，業務用ソフトウェアの利用規程の遵守，セキュリティの強化，及び適切なライセンスの購入が必要であると考え，(イ) 資産管理システムを開発・導入することにした」。

Q **（略）本文中の下線（イ）を実施することによって得られる利点を，20字以内で述べよ。**
なお，下線（ア）で示す内容は除く。 (H27秋SM午後Ⅰ問1設問1)

A 「IT資産管理に関わる作業工数の低減（17字）」

本社と支店で計21の事業所があれば，21人の「PC管理者」の仕事にばらつきも生じ，各人の手間もかかります。**自動化でラクをしましょう。**自動化させるメリットは，【→p237】と【→p342】を。

ここで，**“ラクをする”と書くのは幼稚だと思った方は，解答例にある「作業工数の低減」という言葉を使えば，ちょっとかっこいい**です。

そして本問，**下線（ア）が，本来の模範的な“IT資産管理を自動化するメリットは？”の答**。もしこれを問われた時に**書くべき答は，まずは下線（ア）のそれぞれから**。その次に，本問の解答例です。

2 **A社の「監視システム」が出力するメッセージの中には，「人間**（注：意味は"**オペレータ**"）**が更に分析しないとインシデント発生の判断が難しいメッセージもある」**。「このように**人間が判断しているので，インシデント発生の連絡が遅延する場合や，インシデント発生を見落とす場合があって，**（注：OLA（運用レベル合意書）に含まれる，**10分以内に連絡するという**）**項番（ i ）が遵守できていない**」。
次ページ，サービスマネージャのS主任が策定した**改善計画（表1）の項番2では，KPIを「メッセージ識別の自動化率」として「監視システムを改修し，自動的にインシデント発生を判断する」**。

Q **表1中の項番2の改善内容について，インシデント発生の連絡遅延以外に改善できる問題点は何か。品質の観点で，25字以内で述べよ。**

（R01秋AP午後問10設問1（4））

A 「オペレータによるインシデント発生の見落とし（21字）」

設問でいう「品質」とは，作業品質のこと。そして，**手作業とくれば"ミスりやすい"，その改善策とくれば"自動化させる"を答えましょう。**

手作業，とくれば"ミスりやすい"
人だとミスる，とくれば"自動化させる"
自動化のメリット，とくれば"速くて正確"

人間（オペレータ）に任せると，どうしても**「インシデント発生の連絡が遅延する場合や，インシデント発生を見落とす場合」**があります。そして**今回は「インシデント発生の連絡遅延以外」を答えるべきなので，書くならもう一方の，「インシデント発生を見落とす場合」側**です。

第4章 サービスマネジメント

3 **空調設備を製造・保守するK社では，「今後は，リモート保守などの新サービスを提供する予定である」。**
1.8ページ略，K社では**保守システムの機能強化として，「新業務サーバをK社データセンタに設置して，**（注：**顧客側の**）**全設備の稼働情報を継続的に収集**し，それを保守員が参照する」。
次ページ，**新業務サーバでの「収集周期は，サービス開始時は1時間とし，段階的に5分間程度に短縮しサービス品質を向上させる」**。定期的な「(a) 稼働情報取得のトリガは，設備ではなくK社データセンタ側にあるが，それは運用上の利点となっている」。

Q **本文中の下線（a）の利点を，25字以内で述べよ。**
(H27秋NW午後Ⅱ問1設問2（2))

A 「稼働情報の収集周期の変更が容易である。(19字)」

下線（a）のようにするメリットを，下記にまとめました。

“収集の周期を変えたい（段階的に短くしたい）時は，「新業務サーバ」側の設定を変えるだけで済む。これなら，周期を変える度にわざわざ保守員を訪問させて，客先で設定変更を行うというムダも省ける。”

本文中の他の記述によると，**K社では現状，「全国の保守センタに配備された保守員が，顧客のオフィスや工場などを訪問して，**（注：空調）**設備の点検や修理を行っている」**そうです。
…なので本問，**“収集周期を変える度に保守員を訪問させずに済む。(23字)”と答えるのも，良いですね。**

パターン 5「手早い把握は“構成（コーセイ）！”」系

“構成管理”導入のメリットとくれば，“利用中の機器等を手早く洗い出せる”。AP試験［午後］問 10（サービスマネジメント）だけでなく，必須の問 1（情報セキュリティ）で“パッチ未適用の機器を手早く洗い出すには？”と問われた時も，本パターンを流用できます。

1　S 社が開発・運用する「**S システムでは，OS，ライブラリ及びミドルウェア**（以下，この三つを併せて**実行環境**という）**を全く更新していない**という問題もある」。
6.0 ページ略，S 社は「自社内で使用している**実行環境の脆弱性情報の収集を強化する**ことにした。その際，④収集する情報を必要十分な範囲に絞るため，情報収集に先立って必要な措置を取ることにした」。

Q　**本文中の下線④の必要な措置とは何か。60 字以内で述べよ。**

（R01 秋 SC 午後Ⅱ問 1 設問 3（2））

A　**「S 社のシステムを構成する実行環境のバージョン情報を把握して，その情報を常に最新にしておくこと（46 字）」**

バージョンはバラバラ，機器も把握できていない。こんな場合の**解決策の筆頭は“構成管理（configuration management）の導入”**です。

鉄則　**手早い洗い出し，どう管理しろと？→“構成（コーセイ）！”**

その導入・活用の大前提として，**現状はどのような構成であるか**（例：機器の型番，ハードやソフトのバージョン番号，設置数）**の洗い出し，台帳への記録，変更の都度その記録を更新する作業**も必要です。

第4章　サービスマネジメント

2 Z 社のシステムについて，セキュリティ専門業者の「D 社からは，脆弱性を突いた攻撃が頻繁に発生する昨今の状況を踏まえると，⑩構成管理を導入した脆弱性対応の仕組みを構築する必要があるとの指摘を受けた」。

Q **本文中の下線⑩について，構成管理を導入していない場合の問題点を，40 字以内で述べよ。**

（H29 秋 SC 午後Ⅱ問 1 設問 3（9））

A **「脆弱性が Z 社のシステムに影響するかを短時間で判断できない。（29 字）」**

ご唱和ください，**手早い把握は“構成（コーセイ）！”**【→ p239】。

構成管理（configuration management）を導入するメリット，とくれば“手早く把握できる”…ということは，**導入していないと“手早く把握できない”**。これを答の軸に据えて，あとは文字数を膨らませましょう。

コラム **計算問題の解答表現**

AP 試験［午後］の計算問題では，解答時に“**小数点以下 3 位を四捨五入し，2 位まで答えよ。**”などの指定も見られます。

この場合，**値が，たまたま整数だった時（例：30 ÷ 5 = 6）の適切な表現**は，

× 6　○ 6.00

です。もちろん，**指定のけた数に満たない有限小数の場合（例：1 ÷ 2 = 0.5）**も，

× 0.5　○ 0.50

が，適切な表現です。

1,000 以上の数値には，3 けたごとにカンマを打つのが無難です。ただし，計算後の値が文字列定数や SQL 文の一部として扱われる場合は，カンマの存在が文法エラー（＝減点）を招きかねないため，カンマは省きましょう。

3 本問の「A 社 IRT」は "Incident Response Team",「A 社における CSIRT の呼称」。

………

図 5（現状の課題）より，**A 社には「情報機器の現状の構成情報を正しく把握していない部署がある」。**

Q **A 社 IRT が各部署の構成管理情報を把握しておくと，インシデントハンドリングにおいても有効に活用することができる。どのように活用できるか。45 字以内で具体的に述べよ。** (H28 春 SC 午後Ⅱ問 1 設問 4（2))

A **「A 社 IRT が，各部署のインシデント発生時や対策時の，影響範囲の特定に活用する。(39 字)」**

"構成管理（configuration management）導入のメリット" とくれば，本問のこれと，迅速な把握【→ p239 "構成（コーセイ）！"**】**です。

これに先立つ設問 4（1）でも，A 社 IRT が「脆弱性情報ハンドリングにおいて，各部署の情報機器の現状が示された**構成管理情報を活用することによる効果**」として，**「A 社 IRT が収集すべき脆弱性情報を把握するため」**を答えさせています。

こう書く！

「基準値を超える鉛，水銀などの**有害物質を電気・電子機器に使用することを制限するために，欧州連合が制定**し，施行しているもの」とくれば→ **「RoHS 指令」**（R04 秋 PM 午前Ⅱ問 21 選択肢イ）

第 4 章 サービスマネジメント

4　A 社の「**Web サイト X」で稼働する**「**Web アプリ X は，Web アプリケーションフレームワーク**（以下，**WF** という）**の一つである WF-K を使用して開発**されている」。
2.4 ページ略，**Web サイト X に「脆弱性がないか，**（注：システム構成が Web サイト X と全く同じ）**Web サイト Y に対して**（略）**OS 及びミドルウェア**（略）**の診断並びに Web アプリ X の診断を実施した**」。
次ページ，「今後は**情報システム部が一括して脆弱性情報を収集**し，各 Web サイト担当者にその情報を提供することにした。**それに先立って，効率的な情報収集ができるよう，各 Web サイト担当者には，[　b　]を報告させた。**また，**Web サイトの更改などに伴って[　b　]に変更がある場合は，その都度報告させる**ことにした」。

Q　**本文中の[　b　]に入れる適切な報告内容を，50 字以内で具体的に述べよ。**
（H30 春 SC 午後Ⅱ問 2 設問 2）

A　**「Web サイトで使用している OS，ミドルウェア及び WF の名称並びにそれぞれのバージョン情報（44 字）」**

本問の解答例は，“**構成管理（configuration management）で把握しておくべき項目は？**”**と問われた時の，うまい記入例**でもあります。こんな場合，**とりあえず“バージョン”と書いとけば，大きくは外れません。**

過去問題の演習，特に**記述問題は，“答を丸暗記するくらいの勢いで，ぶっちゃけ丁度よい。”**と思って下さい。

答え方。鍛えたければ，まず“写経”

目指すは，過去の答の記憶から“正解らしき文字列”を召喚できるレベルです。

5 「ある Web アプリケーションのソフトウェアパッケージ（以下，**ソフトウェア M** という）**のバージョン Z に** SQL インジェクションの**脆弱性**」**がある**，等の情報が公表された。
次ページ，**A 社では「ソフトウェア M を導入しているかどうかの確認に手間取り」，ないと報告したその 2 週間後，「ソフトウェア M のバージョン Z が導入されていることが分か」った。**
このような見落しの**再発防止策として，「機器の新たな管理台帳**（以下，**新台帳**という）**を**（略）**作成する**ことにした。②新台帳にはバージョンを含むソフトウェアの情報も記載することにした」。

Q **本文中の下線②について，記載する目的は何か。45 字以内で述べよ。**
（H28 秋 SC 午後Ⅱ問 2 設問 1（2））

A **「脆弱性が発見された特定のバージョンのソフトウェアが導入された機器を迅速に特定するため（42 字）」**

ご唱和ください，**手早い把握は“構成（コーセイ）！”**【→ p239】。
ですが**本問の場合，単に“洗い出しを早めるため”だけを答えるとちょっと弱く，これだと多分△（半分加点）**です。
本問は特定のバージョン（バージョン Z）に限った話，そして下線②にも「**バージョンを含む**ソフトウェアの情報も記載する」と書かれています。このため，新台帳によって初めて可能となる，**“バージョンを絞って素早く特定できる”というメリットも読み取れる表現で，初めてマルがついた**と考えられます。

こう書く！

「総所有費用（TCO）」とくれば→「ハードウェア及びソフトウェアの**導入から廃棄までの総費用**」（R04 春 SM 午前Ⅱ問 10 選択肢イ）

6 「S氏の考えた導入計画」は，**本問の「RPA ツールは PC ごとにライセンスが必要である。**（注：導入の）第１段階で必要となる数のライセンスを購入する。」等。

次ページ，「RPA ツールの**利用が不要になった利用者は，各自で RPA ツールを削除する**」。

次ページ，**〔PC の構成監査〕の記述**より，S氏は「RPA ツールの**ライセンス購入数の棚卸しも必要と考えた。そこで，構成監査として**（イ）新たなチェック作業を追加した」。

Q **本文中の下線（イ）について，S氏が追加した<u>チェック作業の内容</u>を 40 字以内で述べよ。**

（R01 秋 SM 午後 I 問 2 設問 2（2））

A **「現在利用可能な RPA ツール登録数が<u>ライセンス購入数以内</u>であることを確認する。（38 字）」**

本文中の，**「利用が不要になった利用者は，各自で RPA ツールを削除する」という表現から，**“利用者も人間。人間が各自で管理するのだから，**削除を忘れたら数が合わなくなるよね。” と思い至れたら，正解への第一歩**です。

そんな人間のミスによる，**“購入したライセンス数を上回る利用” というライセンス違反が考えられるため，その有無の確認が必要**です。そこでS氏が考えたのが「ライセンス購入数の棚卸し」でした。

これらから，**答の軸には “購入したライセンス数を上回る利用がなされてはいないか，の確認（30 字）” を据えればよい**と分かります。

そして，ついでに出題するなら **“では，どうライセンス管理をすればよい？”** を問い，**“ツールによって自動化させる。”** を軸に答えさせるパターン【→ p236】です。

こう書く！

RTO（目標復旧時間）と RLO（目標復旧レベル）を定めた例として，適切なものとくれば→「サービスの中断から **1 日以内に，**中断発生時点に提供していた**基幹サービスと付帯サービスのうちの基幹サービスを復旧する。**」（R04 春 SM 午前 II 問 5 選択肢イ）

7 **H社の「情報システム部は，ソフトウェアが導入されたPCのPC管理番号をソフトウェア管理台帳に登録し，基本ライセンスの使用数を管理している」。**
1.9ページ略，情報システム部のQ氏は，**業務用ソフトウェアの「利用申請書の起案から決裁までの手順を**（略，注：**下記等に）整備**し，電子決裁システムとしてシステム化した」。

・「**情報システム部は，申請内容を確認し**，不備があった場合は利用申請を差し戻し，**不備がなかった場合は［　a　］し，利用申請を受理する。ここで**，当該ソフトウェアの**使用数が，既に，契約上の基本ライセンス数に達しているときは**，契約を更新し，**基本ライセンス数を追加する。**」

Q **本文中の［　a　］で情報システム部が確認する内容を，確認方法とともに30字以内で述べよ。** （H27秋SM午後Ⅰ問1設問3（1））

A **「基本ライセンスの利用状況をソフトウェア管理台帳で確認（26字）」**

答の軸は“ライセンス数は足りているか？”だと閃けば，まずは大成功。ですが**空欄aの後，「ここで,」以降のただし書きが大事。これは，決して本問を“契約上の基本ライセンス数が足りているかを確認”とは答えないように，という出題者からの誘導**です。

答の軸は“ライセンス数は足りているか？”なのに，“契約上の基本ライセンス数が足りているかを確認”はバツ。では，どう答えましょう。

本問，**「ここで,」以降のただし書きによると**，手順さえちゃんと踏めば，**基本ライセンス数が足りなくなること自体，起こり得ない話**です。

…というと，**ほかに書けそうな話は，“契約上の基本ライセンス数が足りているかどうかに関わらず，ただ確認（32字，字数オーバ）”程度のもの**です。

解答例の表現は，上記の旨をスッキリと書き表したものです。

こう書く！

適切な，「サービスマネジメントの容量・能力管理における，**オンラインシステムの容量・能力の利用の監視についての注意事項**」とくれば→**「応答時間やCPU使用率などの複数の測定項目を定常的に監視する。」**（R04春SM午前Ⅱ問11選択肢イ）

パターン6　「拡張性なら“クラウド”」系

今後の利用量の変化が予想される場面で“クラウドサービスを採用した理由は？”とくれば，書くべき答は“柔軟な拡張性をもつから”。また，コストが利用量によって変わる場面での“クラウドサービス利用時の留意点”とくれば，答の軸は“適切な契約となっているかを定期的に確認”です。

1　**「G社におけるシステム開発プロジェクト**（注：後の**「Gプロジェクト」**）**の課題」は，「・顧客のニーズや他社動向の急激な変化が予想され，**この変化にシステムの機能やシステムのリソースも**迅速に適応できるようにする必要があること。」**等。

次ページ，G社PMの**H氏らは，「次のような特徴をもつクラウドサービスの利用が課題の解決に有効であると考え」た。**

・「サービスやリソースを柔軟に選択できるので，②Gプロジェクトを取り巻く環境に適合する。」

Q　**（略）H氏は，サービスやリソースを柔軟に選択できることは，Gプロジェクトを取り巻くどのような環境に適合すると考えたのか。30字以内で述べよ。**

（R03秋PM午後Ⅰ問1設問1（2））

A　「顧客のニーズや他社動向の急激な変化が予想される環境（25字）」

クラウドがもつ柔軟な拡張性に着目させる，他の出題例は【→p126】と【→p127】です。

本問では「どのような環境に適合する」**かを答えさせるため，**書くべき答のゴールは**“（…という）環境”**に定めます。

その上で**「課題」つながりで本文を検索すると，「顧客のニーズや他社動向の急激な変化が予想され」る旨などがヒットします。**

この二つの文字列を結合し，日本語として意味が通るよう，整えて下さい。

2 **E社での「新営業支援システム」導入プロジェクトの目的は，システムの「運用・保守の費用の最小化」**等。

E社は役員会で，**下記等の特徴をもつ「SaaSを利用することに決定した」**。

・「**月次などの合意した期間で契約の見直しが可能である**ので，キャパシティ拡張の柔軟性が高くなる。」

PMのF課長は，**「SaaSの特徴を考慮して**（略，注：**下記等の**）**システム化方針を定めた」**。

・「過去から現在までの利用者数，データ容量などの推移に基づき，**過度にならない一定の余裕を見込んだ利用量で初回の**（注：**SaaSの**）**契約を締結する**。また，**月次で利用者数，データ容量などの推移を把握し，[b] を確認する。**」

Q **月次で利用者数，データ容量などの推移を把握して何を確認するのか。[b] に入れる確認内容を20字以内で述べよ。**

（H30春PM午後Ⅰ問1設問1（2））

A **【内一つ】「契約した利用量を見直す必要性（14字）」「次契約の利用者数及びデータ容量（15字）」「契約条件に沿った利用になっていること（18字）」**

SaaSに限らず**一般に，クラウドは柔軟な拡張性をもちます【→p246】**。ですがただ膨らませるのではなく，**時には減らすことも視野に，適切な契約となるよう定期的に見直す**ことが大切です。

本問のSaaSは「月次などの合意した期間で契約の見直しが可能」なので，**適切な契約となるよう期間ごとに見直して，次期の契約に反映させる**と良いでしょう。

こう書く！

適切な，「**フルバックアップ方式と差分バックアップ方式**を用いた運用に関する記述」とくれば→「**フルバックアップのデータで復元した後に，差分バックアップのデータを反映**させて復旧する。」（R03春AP午前問57選択肢イ）

3 **E社での「新営業支援システム」導入プロジェクトの目的は，システムの「運用・保守の費用の最小化」**等。

E社は役員会で，**下記等の特徴をもつ「SaaSを利用することに決定した」。**

・「サービスと機能の利用範囲，利用時間，サービスレベル，利用者数，**データ容量などに基づき課金される**ので，利用内容及び利用量に応じた費用負担となる。」

1.1ページ略，PMの「F課長は，**SaaSの特徴を考慮して，現行営業支援システムの登録データのうち，今後の業務に用いる最小限のデータだけを新営業支援システムに移行して，残りのデータは外部媒体に保存する**ことにした」。

Q **今後の業務に用いる最小限のデータだけを新営業支援システムに移行する理由を30字以内で述べよ。** (H30春PM午後Ⅰ問1設問2（1))

A **【内一つ】「データ容量を抑えて，費用負担を少なくしたいから（23字)」「SaaSの利用にかかる費用負担を少なくしたいから（24字)」**

本問のプロジェクトはその目的の一つに，システムの「運用・保守の費用の最小化」を挙げています。これも，本問のケチケチ作戦のヒントでした。

こう書く！

「マスタファイル管理に関するシステム監査項目のうち，**可用性**に該当するもの」とくれば→「マスタファイルが置かれている**サーバを二重化し，耐障害性の向上を図っている**こと」(R03春AP午前問59選択肢ア)

パターン7 「理由は“空（す）いてる”」系

例えば“**作業をその時（時期，時間帯）に行う理由は？**”とくれば，空（す）いているから。
そんな“空いている”を軸に答えさせる出題を集めました。

1 ホームセンタを展開する「C 社の事業年度は 4 月から翌年 3 月までで，**決算月の 3 月**には毎年，全店舗で決算セールを行っており，**3 月の来店客数と売上高は通常月の約 2 倍**となっている」。
2.6 ページ略，C 社の情報システム部では「本部サーバ」の「移転切替え日について（略）検討した。その結果，**早ければ 3 月に移転切替えが可能であったが，4 月の第 4 水曜日に決定した**」。

Q **（略）移転切替え日を，3 月ではなく 4 月に決定した理由を，55 字以内で具体的に述べよ。** (H25 秋 SM 午後 I 問 1 設問 2)

A **【内一つ】「C 社の売上高が多い時期を避けることで，移転切替えで不具合が発生した場合の業務影響を小さくできるから（49 字）」「来店客が多い時期を避けることで，移転切替えで不具合が発生した場合の業務影響を小さくできるから（46 字）」**

空（す）いてる時を見計らう他の出題例，未明の脆弱性診断【→ p250】，お昼休みのデプロイ【→ p251】もご覧下さい。

本問，これが **AP 試験［午後］なら，本文そのまんまから 1 歩だけ踏み込む“決算月の 3 月は多忙だから（12 字）”位のレベル感で答えさせる**でしょう。

ですが，さすがは高度試験。IT サービスマネージャ（SM）試験では，解答例中に下線で示した踏み込み具合が求められました。

そして本問，「3 月ではなく 4 月に決定した理由」を聞いています。このように，IPA の試験で **“A ではなく B” という対立で問われたら，“A と B では状況が変わるが，その変わり具合に着目し，A ではダメな理由も含めて答えよ。”** に読み替えましょう。

2　ECサイトを運営するL社の「**Pシステムが受信する1日の時間帯別の通信量の比率は，0時～8時が2%，8時～16時が55%，16時～24時が43%**である」。
1.3ページ略，今回行う**Pシステムへの脆弱性診断の要件（図3）は，「1．本番環境への影響を最小化すること」**等。
次ページの**表2（診断計画（抜粋））中，項目「日時」の内容は**，「○月×日から○月△日（10営業日）**9時～17時**（うち，診断時間は1日当たり連続した5時間程度）」。
次ページ，レビューでのT主任の指摘は，「**サーバが異常停止した場合の影響を最小化するために**③計画の一部を変更すること」等。

Q　**本文中の下線③について，何をどのように変更すべきか。Pシステムの通信量に着目し，変更する項目を表2から選び答えよ。また，変更する内容を20字以内で述べよ。**　（R02SC午後Ⅰ問3設問2（2））

A　**【変更する項目】「日時」，【変更する内容】「診断時間を0時～8時の間にする。（16字）」**

本問の場合に考えられる，**脆弱性診断が原因で「サーバが異常停止した場合の影響」は，①Pシステムのユーザに迷惑がかかる，②Pシステムそのものが障害を起こす**，等です。
そして**Pシステムの「通信量の比率は，0時～8時が2%」**だそうです。この時間帯に脆弱性診断を行えば，**仮にヘマをしても，日中よりは悪影響が少なそう**です。

こう書く！

「データベースの**データを更新するトランザクションが，実行途中で異常終了した**とき，更新中のデータに対して行われる処理」とくれば➡「トランザクションの**更新ログ情報を使いロールバックする**ことによって，データをトランザクション開始前の状態に回復する。」（R04秋AU午前Ⅱ問21選択肢エ）

3 W社の「欧州支社から（注：東京本社の）情報システム部に，“**東京本社の22時は欧州支社では14時であり，業務に影響を与えるので，PG**（注：プログラム）**を稼働環境にデプロイする時間帯を変更してほしい。”という要望**があった。W社では，**欧州支社の1時間の休憩時間帯の開始時刻に当たる東京本社の20時に作業の開始を前倒しする案**を検討した。しかし（略）」。
2.3ページ略，「変更要求では（注：日本時間の）10月4日（木）22時から一連の作業を開始する計画であった。しかし，緊急変更諮問委員会に出席した**Y氏は，サービス利用者への影響を少なくするために**，(イ) 計画した作業を10月4日（木）20時に開始する**よう提言**し，計画は変更された」。

Q 本文中の下線（イ）について，Y氏が作業開始時刻の変更を提言した理由を，40字以内で具体的に述べよ。 （H30秋SM午後Ⅰ問2設問2（2））

A **「欧州支社のサービス利用者が利用中の時間帯であり，業務に影響があるから（34字）」**

AP試験［午後］で問10を選ぶなら“**諮問（しもん）”の字は書けて当然。**ごんべんのつぎにくち，です。

正解はこれで良いとして。以前にはウヤムヤに終わった「東京本社の20時に作業の開始」案が，今回のY氏の提言では認められました。認めてくれた背景には，割と急ぎで決めていく“**緊急**変更諮問委員会（ECAB：Emergency Change Advisory Board）”という場だったから，という面もあったようです。

こう書く！

「クラウドサービスの**導入検討プロセス**に対するシステム監査において，**クラウドサービス上に保存されている情報の保全及び消失の予防**に関するチェックポイント」とくれば→「クラウドサービスを提供する**事業者が信頼できるか**，事業者の**事業継続性に懸念がないか**，及び**サービスが継続して提供されるかどうか**が検討されているか。」（R03秋SC午前Ⅱ問25選択肢ウ）

4 本問の「OLA」は，運用レベル合意書（Operational Level Agreement）。

………

A社は「航空券や宿泊施設などの予約サービスを提供する」。運用部の「国内宿泊システムの運用を担当するチーム」の数名のオペレータが「システムの運用中にインシデントを発見した場合，運用部はインシデント発生をサービス部に連絡する」。
次ページ，サービス部から指示があった場合，運用部の「連絡したオペレータがシステムログの取得作業を担当している。オペレータが繁忙なときは，システムログの取得作業着手が遅れてしまうことがあった。OLA目標値は，"作業指示から10分以内で取得作業を完了"であるが，現状は，最大で30分掛かってしまう場合があり，（注：OLAに含まれる，10分以内に完了するという）項番（ⅱ）が遵守できていない」。
次ページ，サービスマネージャの「S主任は，国内宿泊システムの運用を担当するチームのチームリーダと検討し，インシデントが発生した場合は，②チームリーダが窓口となってサービス部からの指示に対応することを計画した」。

Q 本文中の下線②について，チームリーダが窓口となってサービス部に対応する目的は何か。40字以内で具体的に述べよ。（R01秋AP午後問10設問1（2））

A 「繁忙状況を踏まえて，適切なオペレータに作業を実施させるため（29字）」

………

チームリーダにロードバランサ（負荷分散装置）と似た役目を担わせて，複数名いるオペレータの内，すぐできそうな誰かに作業を振ります。

本問の伏線として，本文中には「オペレータのスキルレベルに，個人差はない。」という記述も埋め込まれました。これを言い換えると，"システムログの取得作業を複数名いるどのオペレータに任せても，問題なく行ってくれる。"です。また，"オペレータの違いによる取得作業時間の違いも，その時々の忙しさ以外の理由では生じない。"という推理もできます。

それでも"オペレータ間で作業時間が変わるのでは？"と疑う受験者に向けて，出題者はダメ押しとなるヒント，「システムログの取得作業はシステム化されていて，パラメタを設定することで，数分以内にログ情報の取得が可能である。」という，つまり"どのオペレータによる取得作業も，その時間は似たようなものだ。"と読み取れる記述も埋め込んでいます。

パターン8 「容量・能力」系

いわゆるキャパシティ管理，**ITIL 4でいう“キャパシティとパフォーマンスの管理”**の出題を集めました。
問われ方の本命は“ITIL，またはITILに基づく国際標準（JIS Q 20000シリーズ）に沿って答えられるか？”です。これらの規格に特有の考え方も求められますので，本パターンの各出題を参考に，答えさせ方のクセも把握して下さい。

1 A社の情報セキュリティ委員会は「システム管理者に対して，①管理する機器について，通常時のネットワークトラフィック量や日，週，月，年の中でのその推移などの情報（以下，通常時プロファイルという）の把握に努めるよう指示した」。

Q **本文中の下線①について，取得した通常時プロファイルの利用方法を35字以内で具体的に述べよ。** （H30秋SC午後Ⅱ問2設問2（3））

A 「ネットワークトラフィック量と比較して異常を検知する。（26字）」

解答例の意味は，**“通常時プロファイルと，いま流れているネットワークトラフィック量とを見比べることで，異常を検知する。（49字，字数オーバ）”**です。
書いた答に**マルをもらうには，“異常を見つけるための尺度として使う”旨が読み取れること**が，少なくとも必要です。

こう書く！

「VRRP」（R04秋SC午前Ⅱ問20選択肢エ）とくれば→「IPネットワークにおいて，クライアントの設定を変えることなく**デフォルトゲートウェイの障害を回避するために用いられるプロトコル**」

2 情報システム子会社の**K社は**，親会社の**「G社に顧客管理サービス**（以下，**本サービス**という）**を提供している」**。K社では**「毎日9時から22時まで，本サービスのオンラインサービスを提供している」**。表1の注[2)]より，「通常，**全ての夜間バッチ処理が終了してからオンライン処理を開始する**」。
2.2ページ略，「**夜間バッチ処理の終了時刻が遅延するインシデント**が発生」した。**その発生原因**は下記等。

- 「**設計では，顧客の登録数**（以下，**顧客登録数**という）**が50万件になるまでは処理が**（注：**翌朝**）**9時までに終了する**としていた。」
- 「**顧客登録数が予測よりも早く50万件を超えた**ので，夜間バッチ処理の終了時刻に遅延が発生した。」

そこでK社の「L氏は，①顧客DBの顧客登録数を監視項目として追加し，日常的に監視することにした。さらに，G社の協力を得て不要な顧客情報を顧客DBから削除し，顧客登録数を減らした」。

Q **本文中の下線①で顧客登録数を監視項目として追加する目的を，25字以内で述べよ。**
(H30秋AP午後問10設問2（3))

A **「夜間バッチ処理の終了時刻の予測を行うため（20字）」**

解答例の意味は，**“顧客登録数の増加に伴い夜間バッチ処理の終了時刻が遅くなる，その動向を予想するため（40字，字数オーバ）”**。

当初の予測が外れて「夜間バッチ処理の終了時刻が遅延するインシデント」，いわゆる**バッチ処理の“突き抜け”が起きました。**K社の「本サービス」では，オンラインサービスを「毎日9時から22時まで」提供しますが，その提供には「全ての夜間バッチ処理が終了してから」という条件がつきます。言い換えると，**“K社が「本サービス」を朝9時から提供できるか”は，“朝9時までに夜間バッチ処理が終わるか”に懸かっています。**

そこでL氏は，ひとまず「不要な顧客情報を顧客DBから削除」することで朝9時までに終わるようにしました。そして，毎日9時からのオンラインサービス提供を脅かす**“突き抜け”の兆候を把握しようと，バッチ処理の時間を大きく左右する「顧客登録数」を監視する**ことにしました。

3 **「R社は，カード決済システムを**ITサービスとして**提供している」。**
図1より，**R社側の「データセンタ」は，各加盟店と「IP-VPN」で接続する。**
次ページ，クレジットカード決済を行う「加盟店では顧客との対面販売が中心で短時間での応答が求められるので，（注：**R社の）システム部は加盟店決済サービスの応答時間については特に考慮し，**（注：**R社の）営業部と合意している**」。
1.8ページ略，「ある日，**加盟店から，“サービスの応答時間が時々長くなる”という苦情があった**」。R社の**L氏が検討した対策は**，「(ア) データセンタとIP-VPNを接続する回線を増設し，（注：加盟店向けとは別に提供される）一括決済サービスの要求と回答は，新規に敷設する回線を経由させる。」等。

Q **L氏が，本文中の下線（ア）で回線を増設した理由を，サービスのキャパシティ管理の観点から40字以内で述べよ。** (H26秋SM午後I問2設問1（1))

A **「営業部と合意した加盟店決済サービスの応答時間を保証する必要があるから（34字）」**

“キャパシティが一杯だったから”はバツだった模様。

本問の**技術的な背景は“M/M/1待ち行列モデル”**。同モデルに沿うなら，**利用率（ρ）の値が高い（＝1に近い）場合，この値を少し下げるだけでも平均応答時間（レスポンスタイム）が劇的に下がります。**下線（ア）の策は，まさにこの効果を狙ったものです。

ですが本問は，理由を「サービスのキャパシティ管理の観点から」述べるもの。本問の正解の根拠は，**『JIS Q 20000-2』の「6.5 容量・能力管理」**－「6.5.1 要求事項の意図」に見られる，**「サービス提供者は，合意した**将来のサービスの容量・能力及び**パフォーマンスの要求事項を満たすために，容量・能力計画を策定し，実施する**ことが望ましい。」という記述からです。

なお，本問は平成26年（2014年）の出題。**いま出題するなら，**L氏がとった「新規に敷設する回線を経由させる」という策を，**SD-WANで実現させる“ローカルブレークアウト”と絡めて答えさせる**でしょう。

引用：『JIS Q 20000-2：2013（ISO/IEC 20000-2：2012）情報技術－サービスマネジメント－第2部：サービスマネジメントシステムの適用の手引』（日本規格協会 [2013]p47)

4 **「生活雑貨を製造・販売する」A 社は，「基幹システムを B 社提供の PaaS に移行する**検討を行った」。
次ページ，**「PaaS のリソースの増強は，A 社から B 社にリソース増強要求を提示して行われる**ものとする。その際，A 社から B 社への要求は，増強予定日の 2 週間前までに提示することも合意した」。
B 社への「アウトソースが開始されて半年が経過した時点で，**A 社は，2 か月後に新商品の販売を控え，A 社の販売部門と IT 部門で次のこと**（注：**販売量やデータ量の大幅な増加**，等）**が確認された**」。これに**対応するには「B 社で PaaS のリソースを増強する必要がある。**そこで，**A 社 IT 部門は，キャパシティ管理に関わる**③必要な活動**を行い，B 社にリソース増強要求を提出する**ことにした」。

Q **（略）本文中の下線③で行う活動内容を 35 字以内で述べよ。**

（H31 春 AP 午後問 10 設問 5）

A **「販売部門の販売量予測に基づきリソースの要求量をまとめる。（28 字）」**

ITIL 4 でいう“キャパシティとパフォーマンスの管理”の出題。ITIL をベースとした**『JIS Q 20000-2』－「6.5.3.1 容量・能力管理活動」**には，**「容量・能力管理プロセスは，**パフォーマンス及び／又は容量・能力が要因となっている場合，新規サービス又はサービス変更の設計に関与し，**コンポーネント及び資源の調達に関して推奨を行う**ことが望ましい。」とあります。

そして，**同「6.5.3.2. 容量・能力計画」**では，**「容量・能力計画は，**実際のパフォーマンス，**予想される事業上の容量・能力ニーズ及びサービスの要求事項を文書化する**ことが望ましい。これは少なくとも年に 1 回，又はサービスの変更の度合い及び**サービスの量が要求する場合は，より頻繁に作成する**ことが望ましい。」とも述べています。

なお，本問は PaaS への移行後の話ですが，**多くのクラウドサービスでは初期のしばらくを無料で使えます。**この期間を利用して動作・操作の確認を行いますが，同時に，**“うちの組織，実際にはどの程度の量を使いそうか？”という，通信トラフィック，必要なストレージ，課金額などの検証も行えます。**

引用：『JIS Q 20000-2：2013（ISO/IEC 20000-2：2012）情報技術－サービスマネジメント－第 2 部：サービスマネジメントシステムの適用の手引』（日本規格協会 [2013]p48-49）

5 **通信事業者F社のL氏が実施する「キャパシティ監視」の記述**は下記等。

・「サーバのCPU使用率，**サーバの処理件数及びオンライン応答時間を**（略）**1分間隔で測定し，監視データとして収集される。**」

1.9ページ略，**F社では「インターネット受付サービス」の「キャパシティ計画を変更することになった」**。同サービスの**現状は下記等。**

・「主に**サーバの処理能力がパフォーマンスに影響を与える。**」

・「オンライン応答時間のSLA項目の目標値を達成するために，**将来の需要の予測が必要である。**」

「そこで，L氏は，まず，(ア) サービスの需要と達成されているパフォーマンスの状況を調査することにした」。

Q **本文中の下線（ア）として実施すべき内容を，30字以内で述べよ。**

（H28秋SM午後Ⅰ問2設問3（1））

A **「サーバの処理件数とオンライン応答時間の推移を調べる。（26字）」**

この解答例では，**調べる推移に「サーバのCPU使用率」は含まない**ようです。これは，サーバ内部のCPU使用率の高低はどうでも良くて，**大事なのは“サーバが外部に対してどんなパフォーマンスを示してくれるか（例えば，1分あたりの処理件数や応答時間）”**だからだと考えられます。

そしてこの解答例には，サーバの**処理能力ではなく**「サーバの**処理件数**とオンライン**応答時間**の推移を調べる。」と書かれています。これらの**太字で示した二つの指標は，それぞれ，下線（ア）でいう「サービスの需要と達成されているパフォーマンス」それぞれの調査に役立つ値**です。

なお，**答の文末に「…の推移を調べる。」と書かせるヒント**として，本文中には，F社が提供する別のサービス（受注分析サービス）での悪いトレンド，**「処理対象データの増加に伴って処理時間が長くなり，現在では処理完了までに1時間30分掛かっている。」**も示されていました。

6 情報システム子会社の**K社は**，親会社の**「G社に顧客管理サービス**（以下，**本サービス**という）**を提供している」**。キャパシティ管理を担当する**K社のL氏が行う「キャパシティ計画」では，現状「毎年1回，G社営業部門から本サービスに対する需要予測を入手し，G社と合意したサービスを考慮して資源の使用量を見積もる」**。

2.4ページ略，**「G社営業部門では2か月前から臨時キャンペーンを行い，顧客登録数が予測よりも早く**（注：夜間バッチ処理を定刻までに終えられる）**50万件を超えた**ので，夜間バッチ処理の終了時刻に遅延が発生した」。

次ページ，**L氏は「今後は**②G社営業部門と定期的に打合せを行い，本サービスに対する需要予測に影響を与える，G社のキャンペーンの実施などに関する情報を事前に入手することにした」。

Q **本文中の下線②でG社営業部門との打合せで情報を入手する目的を，キャパシティ管理の観点から25字以内で具体的に述べよ。**

（H30秋AP午後問10設問3（2））

A **「キャパシティ計画への影響を把握するため（19字）」**

他の，ITIL 4でいう“キャパシティとパフォーマンスの管理”の出題例は**【→p256】**。そして“お客さんに訊く”という線で答えさせる他の出題例は**【→p259】**です。

下線②中の文字列「本サービスに対する需要予測」をキーに全文サーチすると，問題冊子上ではその3.0ページ前に**「キャパシティ計画」の記述が見つかります。**

といって，**そこの記述をパクった“必要な資源の使用量を見積もるため”だけだと**判定は微妙，**たぶん△（半分加点）**かな，と思います。

こう書く！

『ITIL 2011 edition』での**「サービス・ポートフォリオとサービス・カタログとの関係」**とくれば→「**サービス・カタログは，**サービス・ポートフォリオで管理するサービスのうち，**稼働中の全てのサービスを記載したもの**である。」（R04春SM午前Ⅱ問4選択肢ア）

7 本問の**「監視データ」は，1 分間隔で測定・収集される「サーバの CPU 使用率，サーバの処理件数及びオンライン応答時間」**を指す。

………

通信事業者 F 社の L 氏が策定した「キャパシティ計画」は下記等。
・**「営業部門から入手した，**現在及び**将来のサービスに対する需要とサービス利用者の見通しから，データ処理量の増加を見積もる。」**

Q **（注：サービス開始から 1 年が経過し，）キャパシティ計画を変更するに当たって監視データ以外に L 氏が入手すべき情報を，入手先を含めて 40 字以内で述べよ。**
（H28 秋 SM 午後 I 問 2 設問 3（2））

A **「将来のサービスに対する需要とサービス利用者の見通しを営業部門から入手する。（37 字）」**

増加のトレンドを頭で分析する（例：回帰分析，社会情勢の考慮）のも大事ですが，**需要動向の，いい線いってる情報を早く得たいなら“お客さんに聞く”。**
本文によると，その情報は**営業さんから教えてもらえる**ようです。

コラム **漢字かきとりテスト（サービスマネジメント編）**

答を覚える問題集，それが本書。正解を先に見ても構いません。本コラムも，ちょっと考えて書けない字なら，すぐに正解を見て下さい。

1. 急ぎで対処だ！ ECAB（緊急変更 しもん 委員会）の しょうしゅう だ。
2. バックアップ ばいたい も同時に被災し，サービスを けいぞく できない。
3. 月末などの はんぼう 期には，LAN の でんそう ちえん が起きて，つらい。
4. 手に負えず，上役に話を振る“ かいそう 的なエスカレーション ”を行った。
5. マルウェア感染の PC は回収，かわりに利用者に だいたい PC を与えます。

………

【正解】1. 諮問，招集　2. 媒体，継続　3. 繁忙，伝送遅延　4. 階層　5. 代替

パターン9 「切分けのノウハウ」系

“機能モジュール毎にその開発元が異なる”時の，ふさわしいエスカレーション先とくれば，答の軸は“ふさわしい開発元”。このように，切り分けて考えるスキルを問うのが本パターンです。

1 **「A社販売部門」が「基幹システムで使用するアプリケーションソフトウェア**（以下，**業務アプリ**という）**はA社IT部門が開発・運用・保守**し，IT部門が管理するサーバで稼働している」。

次ページ，**A社では「基幹システムをB社提供のPaaSに移行する**検討を行った」。

次ページ，**「A社IT部門は，B社へのアウトソース開始後も，A社販売部門に対して，**（注：販売部門との間で合意していた**「サービス稼働率」等の**）**社内SLAに基づいて基幹サービスを提供する」**。「A社とB社の**SLAは，B社からの要請で**」**下記等を追加して合意することにした。**

・「**サービスレベル項目のうち，B社の責任ではA社と合意するB社の目標値を遵守できない項目がある**ので，②A社とB社のSLAの対象から除外するインシデントを決める。」

Q **本文中の下線②について，除外するインシデントとは，どのような問題で発生するインシデントかを20字以内で述べよ。** （H31春AP午後問10設問4（2））

A 「業務アプリに起因するインシデント（16字）」

本問を**“エスカレーション先の振分け”に置き換えた出題例**は【→p261】を。

本問のA社はその「基幹システム」を，B社が提供する「PaaSに移行」します。**SaaSではなくPaaS（Platform as a Service）なので，B社が提供するのは“プラットフォーム”まで。その上で稼働する「アプリケーションソフトウェア**（以下，**業務アプリ**という）**」については引き続き「A社IT部門」が面倒を見ます。**

このため**B社としては，“もし，A社側が面倒を見ている「業務アプリ」が原因のインシデントで「サービス稼働率」等が悪くなっても，それをウチのせいにされては困る。”と考えます。**これが，B社が「業務アプリに起因するインシデント」をSLAの対象からは外したい理由です。

2 **A 社のシステム部は，営業部員に「営業支援サービス」を提供する。その概要**は下記等。

- 「営業支援サービスは①D 社が提供している SaaS である E サービスを採用し，一部の機能をアドオン開発して，提供する。」
- 「**営業支援サービスは，顧客管理，営業管理及び販売促進の三つのモジュールで構成**され（略）」
- 「**顧客管理モジュール及び営業管理モジュールは**，E サービスで提供される機能及び画面を**そのまま使用する。**」
- 「**販売促進モジュールは**，E サービスで提供される標準の機能及び画面に，A 社固有の機能及び画面を（略，注：**A 社システム部の開発課が**）**アドオン開発し，開発したソフトウェアを保守する。**」

1.8 ページ略，**表 3（インシデント管理の手順）中の「エスカレーション」では，A 社のサービスデスクが**，A 社の「②開発課又は D 社サービスデスクのどちらかをエスカレーション先として決定し，エスカレーション先に調査を依頼する」。

Q **表 3 中の下線②において，エスカレーション先を決定するときに必要となる判断内容は何か，30 字以内で述べよ。** （R03 春 AP 午後問 10 設問 2（2））

A **【内一つ】「A 社のアドオン開発のインシデントなのか否か（21 字）」「A 社が保守するソフトウェアのインシデントかどうか（24 字）」**

「営業支援サービス」を構成する**三つのモジュールのうち，「顧客管理」と「営業管理」のモジュールは，D 社の「E サービス」をカスタマイズせず，そのまま使っています。**

ですが**「販売促進」モジュールについては，A 社が A 社の責任でカスタマイズ（アドオン開発＋保守）しています。**

モジュールによって，A 社の関わり具合が異なります。このため**エスカレーション先も，どのモジュールが絡むインシデントなのかによって，D 社か A 社（システム部の開発課）かを変える**必要があります。

パターン 10 「インシデントの対応」系

情報システムの運用の知識が得点を左右する，そんな出題を集めました。皆様が現場で培ったKKD（勘，経験，度胸）も活かせますが，この試験ではITILやJIS Q 20000シリーズに沿った答も求められます。

1 本問の**「Uシステム」は，U社の基幹系業務システム。**

………

U社のシステム部の「運用課では，L氏がUシステムの運用（略）**を担当している」。**また，**同「開発課では，Uシステムの**アプリケーションソフトウェアの保守や**データベースの運用・保守を行っている」。**
1.9ページ略，「**Uシステムの**開始作業を行った際に，**運用監視コンソールにデータベースの異常を示す表示メッセージが出力されていた**点」について，「**L氏は**インシデント管理手順に従って**段階的取扱い**（以下，**エスカレーション**という）**を行っていたが，階層的なエスカレーションだけではなく**，直ちに②機能的なエスカレーションを行うべきであった」。

Q **本文中の下線②について，L氏が行うべきであった機能的なエスカレーションの内容を，25字以内で具体的に述べよ。** （H30春AP午後問10設問2（2））

A **「開発課にインシデントの対応を依頼する。(19字)」**

聞かれているのは「機能的なエスカレーション」の，**意味ではなく，内容。**出題者は，**“AP試験の受験者なら，用語「機能的なエスカレーション」は知っていて当然。”**と考えているようです。

なお，エスカレーションの**「階層的」と「機能的」の違いは下表**を。

なにエスカレーション？	話を振る先は…
階層的（な）エスカレーション	**役職が上**のエラい人
機能的（な）エスカレーション	**専門知識**がエラい人

本問の**L氏は，データベースの専門知識をもつ「開発課」にも話を振るべき**でした。

2 **通信販売会社M社の，「配送管理サービスを提供する配送管理システム」の「監視システムに表示されるメッセージ**（以下，**表示メッセージ**という）**」では，**表1より，**「システムの異常終了」の場合は「異常」と表示する。**

次ページ，**表4（配送管理サービスの優先度判定ルール）の内容**は下記。

- **表示メッセージが「異常」の場合，その優先度は「中」**
- 表示メッセージが「警告」の場合，その優先度は「低」

次ページの**表5（優先度に基づく目標復旧時間）の内容**は下記。

- **優先度「高」の目標復旧時間は「30分」**
- **優先度「中」の目標復旧時間は「2時間」**
- 優先度「低」の目標復旧時間は「12時間」

2.8ページ略，M社の「営業部とシステム部は，**配送管理サービスのサービス要求事項について」，「システム停止を伴うインシデントが発生した場合には，インシデントの対応手順に従って，30分以内に回復させる。」**等で合意した。

Q **（略）サービス要求を満たすためにインシデントの対応手順を変更する必要がある。変更内容を40字以内で述べよ。** （H28秋SM午後Ⅰ問3設問4）

A **「配送管理サービスの優先度判定ルールで"異常"の優先度を"高"に変更する。(36字)」**

実際は，もっとややこしい話を読ませる出題でした。それを簡略化して載録しています。

本問の別の答え方（不正解）として，表示メッセージが「異常」だった場合の優先度判定ルール（表4）は変えずに，**"表5中の優先度「中」の目標復旧時間を，「30分」に変える。"も考えられます。ですがこれだと，「システムの異常終了」程にシビアではない話にも「30分」以内の復旧が求められてしまい，現場が混乱する元です。**もちろんバツです。

3 本問の「**U 社 UPS**」は，**U 社が所有する UPS**。

……….

U 社の「運用監視コンソールに表示されるメッセージ（以下，**表示メッセージ**という）**は，U 社のシステム部の基準に従って分類される**」。続く**表 3（表示メッセージの種類）の内容**は下記。

【「通知」は「インシデントとして扱わない。」】

内容：「**運用状態**の表示」，例：「バッチ処理の正常終了」

【「警告」は「インシデントとして扱う。」】

内容：「**調査が必要な状態**の表示」，例：「システム資源使用状況のしきい値超過」

【「異常」は「インシデントとして扱う。」】

内容：（略），例：（略）

「**U 社のシステム部では，表示メッセージの種類が " 警告 " 又は " 異常 " の場合**，U 社内で取り決めた**インシデント管理手順に従って対処する**」。

1.2 ページ略，U 社 UPS が「数日前に行った自動セルフチェックの結果として，**運用監視コンソールに " 蓄電池の劣化が進んでいる " というメッセージが出力されていた。**この**表示メッセージの種類は " 通知 " であった**ので，（注：システム部運用課の）①L 氏は特に調査を行っていなかった」。

Q **本文中の下線①について，L 氏が U 社 UPS の調査を適切に行えるようにするための改善内容を，35 字以内で述べよ。** （H30 春 AP 午後問 10 設問 2（1））

A **「蓄電池の劣化を示すメッセージの種類を " 警告 " とする。（26 字）」**

本文中に見られる，**「運用監視コンソールに表示されるメッセージ**（略）**は，U 社のシステム部の基準に従って分類される」という表現**。これの意味を，**" 表示メッセージを分類する基準なんて，メーカ指定でも法律でもないのだから，U 社の考え方次第で勝手に変えてもよい。" だと見抜けたら，本問は勝ったも同然**です。

今回の騒ぎの原因は，表示メッセージが「通知」だったのでナメて扱ったからです。そこで，設問が示すよう「U 社 UPS の**調査を適切に行えるようにする**」**には，表示を，「調査が必要な状態」である「警告」に変えておく**のが良いでしょう。

なお，本問のケースで **" メッセージの種類が「通知」の場合もインシデントとして扱うようにする。" と答えるのは，筋が悪い**です。これをやってしまうと**些細なことでも騒ぎとなり，マネジメントがグダグダになる**元です。

4 **K社では，「インシデントが発生したときの処置をインシデントモデルとしてあらかじめ決めておき**，情報システム部とサプライヤ各社で共有することになった」。「**今後このような事象が発生した場合**，情報システム部とサプライヤ各社は，**インシデントモデルに定義された役割**（略）**などに従って，定義した時間内にインシデントの解決を図る**ことを目標にすることとした」。

Q **サービス提供者がサービスレベル目標を達成するために，インシデントモデルを整備しておくことで得られるサービス提供者にとっての利点を40字以内で述べよ。**
（R03春SM午後Ⅰ問1設問4（1））

A **「事前に定義した時間内にインシデントの解決を図ることができる。（30字）」**

用語「インシデントモデル」の知識問題。ITサービスマネージャ（SM）試験の［午前Ⅱ］では，「ITIL 2011 editionによれば，**インシデント管理において，インシデント・モデルを定義しておくことによって得られるメリット**（R04春SM午前Ⅱ問7）」**の正解**として，「ウ 繰り返し発生するインシデントに対して，**事前に定義された経路で，事前に定義された時間枠内に対応できる。**」を選ばせています。

また，設問の「**サービスレベル目標を達成する**ために」という表現も，答の軸を「**定義した時間内に**インシデントの解決を図る」に据えさせるためのヒントでした。

こう書く！

『JIS Q 20000-1:2020（サービスマネジメントシステム要求事項）』での「サービスマネジメントシステム（SMS）の支援に関する要求事項のうち，“**意図した結果を達成するために，知識及び技能を適用する能力**”に対するもの」とくれば→「適切な教育，訓練又は経験に基づいて，組織の管理下でSMS及びサービスのパフォーマンス及び有効性に影響を与える業務を行う人々が**力量を備えている**ことを確実にする。」（R04春SM午前Ⅱ問1選択肢エ）

5 本問の「**追客**(ついきゃく)」は**見込み客への継続的な営業活動のことであり，「追客を行うたびに商談管理システムにその内容を登録する」**。

………

不動産会社 **D 社での，表 2 中の「処理 2」で，アプリケーションソフトウェアは「追客の追加，新規顧客の追加，商談の追加又は最新接触日時の更新を行う」。**
2.0 ページ略，**本問の RDBMS では「バックアップを用いて復元した後，更新ログを用いたロールフォワード処理によって，**障害発生直前又は**指定の時刻の状態に回復できる」。**
5.8 ページ略，表 7 が想定する**「障害ケース②」の内容は，「表 2 の処理 2 で**（略）**誤った来場予約データが大量に登録された。**（略）**誤登録発生の前後の時間帯では，断続的に追客を記録する業務を行っている。」**等。

Q **バックアップの復元及び更新ログによる回復によって誤登録発生直前の日時の状態にする方法では（注：「障害ケース②」の）問題を解決できない理由を，60 字以内で述べよ。** (R03 秋 DB 午後Ⅱ問 1 設問 3（2）(a))

A **「誤登録が発生したデータ以外も誤登録前の状態に戻ってしまい，記録した情報が失われる。（41 字）」**

誤登録が起きた時間帯にも，追客の記録は行われます。このため，**バックアップからの復元後のロールフォワード処理によって「誤登録発生直前の日時の状態にする方法」だけだと，誤登録が発生した日時以降に行われた，適正な手続きによる追客の記録が消えてしまいます。**

そして**本問の答え方は，AP 試験［午後］問 1（情報セキュリティ）で下記の例のように問われた時にも流用できます。**

PC 上の OS にはパッチを随時適用している。また，**PC 上の OS を含む全データは，そのバックアップを定期的に取得し，別の安全な場所に保存**している。 **インシデントの発生後，そのバックアップを用いて PC を復元させた。**
Q どのような**問題**が考えられ，どのような**追加作業**が必要か。
A **【問題】“ 直近のバックアップよりも後のパッチが無効になる，という問題 ”，【追加作業】“ 無効になったパッチを再び適用する作業 ”**

他にも，本文中から **“ マルウェアごと，バックアップされた ”** 旨を読み取らせ，**“ 復旧時に，マルウェアも復元されてしまう。”** と答えさせる出題も考えられます。

6 「ある日の正午過ぎ，（略，注：R 社の）U 君は，**特定の社内 PC**（注：**後の「被疑 PC」**）**から特定のサーバに多数の HTTPS 通信が行われている**ことを発見した」。
この「社内 PC」を回収した上で，問題冊子上の 9.1 ページ相当の時間と解析を経て「インシデント対応を無事終了した」。
次ページ，**〔インシデント対応の事後評価〕では，課題として**「⑦被疑 PC の利用者の業務継続を考慮して対応する必要があること」等が挙げられた。

Q **本文中の下線⑦について，どのような対応をすべきか。25 字以内で具体的に述べよ。** （H29 春 SC 午後Ⅱ問 1 設問 6（2））

A **「被疑 PC の解析中に使用する代替 PC の払出し（21 字）」**

下線⑦を平たく言うと，" ヤラレた PC の解析中も，その PC のユーザが仕事を続けられるようにしないとね。" です。
なので答の粗筋は，**" 解析中も仕事を続けられるよう，代わりの PC を与えておく。（28 字，字数オーバ）"** で良いでしょう。この **" 代わりの PC を与えておく。" と同じ意味，例えばこの部分に，"…，代替の PC を与える。（25 字）" などが書けていれば，加点された**と考えられます。

こう書く！

「クラスタリング技術のうち，**シェアードエブリシング**」の特徴とくれば→「負荷を分散し，全てのサーバのリソースを有効活用できることに加えて，**データを共有することによって 1 台のサーバに故障が発生したときでも処理を継続する**ことができる。」
（R04 春 SA 午前Ⅱ問 22 選択肢エ）

パターン 11 「可用性」系

“可用性”を考慮させる出題を集めました。ここでは，**難癖をつけるテクニックとしての“QCD”【→第 3 章パターン 5「QCD」系】**も登場します。

1 本問の**「AP」は，サーバ（AP サーバ）上で動作するアプリケーションシステム。**

………

U 社では「仮想化技術を用いて（注：**物理**）**サーバの台数を減らす**ことにし」た。1.9 ページ略，「**一つの AP は 2 台の AP 仮想サーバで構成する。**2 台の AP 仮想サーバでは，冗長構成をとるために VRRP バージョン 3 を動作させる。（略）①可用性を確保するために，VRRP を構成する 2 台の AP 仮想サーバは，異なるホストサーバに収容するように設計する」。

Q **本文中の下線①について，2 台の AP 仮想サーバを同じホストサーバに収容した場合に起きる問題を可用性確保の観点から 40 字以内で述べよ。**

（R04 春 NW 午後Ⅱ問 2 設問 1（2））

A **「ホストサーバが停止した場合，AP 仮想サーバが 2 台とも停止する。（31 字）」**

“仮想化環境では，**物理サーバが落ちたら仮想サーバも落ちる。**それが嫌ならフェールオーバさせる。”という常識を，あえて書かせる出題です。

本問，**単に“2 台とも停止する。”だけを答えても，イケズな採点者からの“何がどうした場合に，どれが 2 台とも停止するのか？”のツッコミが入るだけ。**これをかわすため，解答例では丁寧な表現，「ホストサーバが停止した場合，AP 仮想サーバが」を用いています。

むしろオウム返しの文字列，“可用性確保の観点から問題が起きる。”の方が，（このままだと絶対に加点されませんが）**真に書くべき答のゴールは定まります。**あとは，ここからの肉付けです。

まず“2 台とも停止する。”の旨は外せません。加えて，**「同じホストサーバに収容した場合に起きる問題」も書く**必要があります。**平たく言うと“物理サーバが落ちたら”なのですが，**このまま書くのはちょっと恥ずかしいので，解答例にあるよう**「ホストサーバが停止した場合，」**のような堅い表現が無難です。

2 サービス業P社では,「**社内の各種活動の実績を把握して,新たな**（注：従業員の**「働き方改革」等の**）**施策を立案**し，実施する活動を進めていくこと**を目的として,データ分析システムを構築した**」。
次ページ,「**データ分析システムは**，業務システム課が運用している**他の**（注：**勤怠管理,認証基盤といった**）**システムと同様に,**（注：5段階のうち）**上位から2番目のサービスレベルが設定**され，障害発生時の（注：許容される）**停止時間は1時間**となっている」。
次ページ,「**現在行っているデータ分析は**，P社の基幹業務（営業・サービスなど）とは異なり，**1日停止したとしても,事業運営に支障を来すことはない**」。
次ページ,「システム監査人は，**データ分析システムのサービスレベルが,業務要件に見合っていること**を確かめるために，要件検討会の議事録を閲覧した。その結果，**業務停止の影響について検討せずに**（略）**他のシステムと同じサービスレベルが設定されている**ことが分かった。システム監査人は，**このままでは,適切にシステムを運用する上でリスクがある**と考え，改善を求めることとした」。

Q **（略）システム監査人が想定したリスクを,40字以内で述べよ。**
（H30春AU午後Ⅰ問2設問3）

A 「サービスレベルが高すぎるために，運用コストが高くなる。(27字)」

1秒を争って「働き方改革」を立案するのも変です。
基幹系のシステムではシビアな可用性も問われますが，**P社の「データ分析システム」は「1日停止したとしても，事業運営に支障を来すことはない」**そうです。
なのに，**なんとなく「データ分析システム」には「上位から2番目のサービスレベルが設定され**，障害発生時の**停止時間は1時間」としていた**ようです。そっちを改革しましょう。
ただ，**一般には，可用性（本問だと「サービスレベル」）は高い方が良い**とされます。このため**単に"サービスレベルが高すぎる。"だけを答えても，採点者に"それって良いことじゃん。"と思われてしまい，加点が見込めません。**
こんな時の**便利なケナし方は，"QCD（品質，コスト，納期）"との対比で煽る**ストロングスタイル。**良いものなのに難癖をつけたい時は，QCDのどれか，例えば本問だと"C（コスト）"の高さを責めれば，相手は否定できません。**【→p181 "QCD"】

3 **「A 社 IT 部門」が開発・運用等を行う「基幹システム」は，「A 社販売部門向けの基幹サービスとしてオンライン処理を行っている」。**
表 1（社内 SLA（抜粋））中のサービスレベル項目「サービス提供時間帯」の目標値は「毎日 8:00 ～ 22:00」で，**「保守のための計画停止時間を除く」**。また，**同「サービス稼働率」の目標値は「99.9% 以上」**である。なお**「計画停止時間とは，サービス提供時間帯中にサービスを停止して保守を行う時間のことであり，A 社 IT 部門と A 社販売部門とで事前に合意して設定する」。**
次ページ，**A 社では「基幹システムを B 社提供の PaaS に移行する**検討を行った」。
次ページ，**「A 社 IT 部門は，B 社へのアウトソース開始後も，A 社販売部門に対して，**（注：**表 1 の**）**社内 SLA に基づいて基幹サービスを提供する。**そこで（略）**A 社と B 社間のサービスレベル項目と目標値については，表 1 に基づいて B 社と協議を行い，合意することにした**」。「A 社と B 社の **SLA は，B 社からの要請で**」**下記等を追加して合意することにした。**

・「①サービスレベル項目として，B 社が保守を行うための計画停止予定通知日を追加する。**B 社は** PaaS の安定運用の必要性から，**PaaS のサービス停止を伴う変更作業を行う。その場合，事前に計画停止の予定通知を行う**こととする。」

Q **本文中の下線①について，B 社がサービスレベル項目として B 社が保守を行うための計画停止予定通知日を追加するように要請した理由を，35 字以内で述べよ。**
（H31 春 AP 午後問 10 設問 4（1））

A **「サービス可用性を維持して変更作業を行う必要があるから（26 字）」**

まず，**“以前に A 社 IT 部門が表 1 で合意していたサービスレベルやその計算方法が，B 社との SLA にも，そのまま引き継がれる。”**と見破ります。
そして解答例の意味は，**“B 社が計画停止を，SLA に示される旧来と同じサービス稼働率の値を維持しながら行うためには，事前に計画停止の予定日を通知して了承を得ておく必要があるから（75 字，字数オーバ）”**です。
B 社としては，せっかく行った保守（計画停止）のせいで A 社から“稼働率が下がった！”と怒られては困ります。このため **B 社は，A 社に「事前に計画停止の予定通知を行う」ことで，必要なシステム停止（=「保守を行うための計画停止」）については，その時間を稼働率の計算からは外してもらう**ことにしました。

パターン 12 「判定ルールの勘どころ」系

本パターンで出題者が試すのは，“この受験者は，判断の基準を策定できる人か？”。例えばパフォーマンスの管理において **“アラートを出す目安となる値は，どう設定すると良いか？”とくれば，答の軸は“本当にマズくなる，その手前の値”**。
本パターンの例題で，その答え方のコツを得て下さい。

1 **通信事業者 F 社の L 氏が実施する「キャパシティ監視」の記述**は下記等。

・「オンライン応答時間の**測定値が，あらかじめ決められたしきい値を超えた場合は，監視システムがインシデントとして検知する。しきい値には，各サービスの SLA 項目の目標値を設定しており**，キャパシティに関わる**インシデントが発生した場合は**，直ちに監視システムから **L 氏に通知される。**」

Q **キャパシティ監視でインシデントと認識するためのしきい値には問題があり，変更が必要である。しきい値の変更内容を，SLA との関連性を含めて 40 字以内で述べよ。**
(H28 秋 SM 午後 I 問 2 設問 1（1）)

A **「SLA 違反となる前に対策がとれるよう，しきい値を目標値より下に設定する。(36 字)」**

しきい値には余裕をもたせるべき，という他の出題例は**【→ p272】**をご覧下さい。

本文中の表現，**「しきい値には，各サービスの SLA 項目の目標値を設定しており,」の正しい解釈は，“監視システムに設定するしきい値として，各サービスの SLA 項目の目標値を設定しており，”**です。

そして**本文中のしきい値の設定だと，L 氏に通知が飛んだ時点で，すでに SLA に反しています。**例えるなら，赤信号を通過してから“信号が赤です。”と警告されるようなもの。**教えてくれるなら，もっと手前でお願いします。**

こんなマズい話をこうもサラッと書かれると，かえって“なにか問題あるの？”と読み飛ばしてしまいますよね。**たまに出題者がやる手口です。**

2　家電量販店を展開するＸ社のＨ氏は，「**平常時の CPU 使用率が当初の想定よりも上昇した場合，当日に実施が決定されるセールの開催で突発的に業務量が増加すると**，（注：2 台あるアプリケーション（AP）サーバの内，）AP サーバ②の **CPU 使用率が安定稼働の基準値を超え，販売支援サービスの応答性能が急激に悪化する**」と予想した。

Q　**監視項目として，基準値とは別に新たにしきい値を設定し，暫定対策を実施することにした。暫定対策実施の判断方法について，しきい値も含めて（注：意味は“用語「しきい値」を含めて”）60 字以内で具体的に述べよ。**

（H26 秋 SM 午後Ⅰ問 1 設問 4（2））

A　**「基準値を超過する前に対策が実施できるようにしきい値を設定し，セール実施時に監視項目のしきい値超過の有無を判断する。（57 字）」**

このような場合のしきい値には，**本当にマズくなる前の，余裕をもった値を設定しましょう。**余裕のない設定で失敗する例は【→ p271】を。

鉄則　カツカツしきい値ケガのもと。

Ｈ氏は，「平常時の CPU 使用率が当初の想定よりも上昇」している時に突発的なセールが開催されると，「CPU 使用率が安定稼働の基準値を超え」てしまい，店舗運営的にマズくなると予想しました。なので，**CPU 使用率が「基準値」に至る前に手を打ちたければ，今回新たに設定する「しきい値」は，「基準値」に至るよりも前の値としておく**のが良さそうです。

こう書く！

「廃棄後の，人の健康，安全性，セキュリティ及び環境への有害な状況が識別されて対処されていることを確認する。」（R04 春 SA 午前Ⅱ問 11 選択肢エ）とくれば→**『JIS X 0160:2021（ソフトウェアライフサイクルプロセス）』**での「廃棄プロセスのタスクのうち，**アクティビティ“廃棄を確実化する”において実施すべきタスク**」の一つ。

3 本問の「RFC」は“Request For Change（変更要求）”。

………

物流企業 **B 社では**，「物流管理サービスへの**変更要求**（以下，RFC という）**の件数が増加し，変更管理に関する問題が顕在化してきた**」。
次ページ，**改善に向けて D 課長が作成した表 1 中の手順案**は下記等。
・**D 課長が担当する「変更管理マネージャは，**（注：後述する）**表 2 の優先度割当表の内容に従って優先度を割り当てる。」**
・「RFC の**承認及び差戻しは，変更決定者**（注：C 部長）**が決定権限をもつ。**」
続く**表 2（優先度割当表）より，「優先度“高”以外の RFC」の優先度は「低」。**
この手順案への C 部長の指摘は，「**変更決定者は自身**（注：C 部長）**が務めることになっているが**，RFC 件数が増加傾向にあるので，迅速な意思決定ができる仕組みを構築し，**自身は優先度の高い RFC の意思決定に専念できるようにすること。**」等。
次ページで **D 課長が修正した手順案**は，「迅速な意思決定については，**表 2 に示す優先度が“低”の RFC の承認及び差戻しの決定は，** [c] **とする。**」等。

Q **（略）本文中の** [c] **に入れる適切な修正内容を 30 字以内で答えよ。**

（R03 秋 AP 午後問 10 設問 3）

A **「変更管理マネージャに権限委譲すること（18 字）」**

本問の B 社では，RFC の件数が増えたことで「変更管理に関する問題が顕在化」しました。そして**修正前の手順案（表 1）では，RFC の承認と差戻しの決定権限は C 部長がもつ**，とされます。

これに対する C 部長からの指摘を平たく言うと，**“優先度の高い RFC だけを私が面倒みる，という形に変えて下さい。”**です。**そこで，優先度の低い RFC については D 課長に振る，という手順案へと修正した**，というのが本問のストーリーです。

ところで本書，“漢字かきとりテスト”【→ p259 コラム】も付けました。**「権限委譲」は漢字で書けますか？**

パターン13 「BCP・ディザスタリカバリ」系

AP試験［午後］で問10（サービスマネジメント）を選ぶなら，その最低ラインは"RTO"と"RPO"を軽く説明できるレベル。もし両者の違いをうまく説明できない時は，本パターン2問目の解説の言い回しを覚えて，軽く口頭で説明できるレベルを目指して下さい。

1 X社の「BCP策定プロジェクト」では，「**災害発生から3時間以内に**待機系システムで**販売管理システムのオンライン機能を正常に使用できるようにする**ことを，事業継続の要件として取り決めた。また，**当日のオンライン開始から災害発生までに登録された注文情報については**，販売部が注文伝票を基に**再入力する**こととした」。
X社の「U氏は，**災害発生後の販売管理システムの業務再開に向けて**の目標値について，（略）プロジェクトの検討結果を踏まえ，**RTOを［　a　］以内，RPOを［　b　］時点に設定した**」。

Q **本文中の［　a　］に入れる<u>適切な字句</u>を5字以内で，［　b　］に入れる<u>適切な字句</u>を15字以内で，それぞれ答えよ。**

（H25秋SM午後Ⅰ問2設問2（1））

A **【a】「3時間（3字）」，【b】「当日のオンライン開始（10字）」**

「**RTO**」**は"目標復旧時間（Recovery Time Objective）"，「RPO」は"目標復旧時点（Recovery Point Objective）"**でした。

AP試験以上の［午後］では，それぞれの意味を軽く説明できる（＝手短に書ける）レベルが求められますので，忘れた方は**【→p275】**で復習しましょう。

こう書く！

「個々のシステム構成要素に起こり得る**潜在的な故障モードを特定**し，それらの影響度を評価する。」（R04春SA午前Ⅱ問10選択肢ア）とくれば→「故障の予防を目的とした解析手法である**FMEA**の説明」

2 製薬会社「R 社の販売部の部員は，関東支店又は近畿支店に勤務して注文の入力を行っている。顧客からの注文は，両支店で毎日 8 時から 19 時までの間（略）受け付け，端末から販売管理システムに入力している」。

次ページ，R 社の情報システム部員が運用する，生産管理・販売管理の「両システムとも，毎日 4 時から 23 時までオンライン処理を行う。23 時から 24 時までは（略）フルバックアップを取得し，サーバ室に保管している」。

R 社では，関東地方の「工場，関東支店及びサーバ室の建物の（注：強い地震による）被災によって両システムが停止することが想定された。一方で，近畿支店の販売活動は可能なので（略）現在稼働中の販売管理システムと同一機能で，被災時だけ使用する災害対策用システム（以下，災対システムという）を構築することになった」。

表 3（災対システムの方式案）中，「案 1」の概要は下記。

- 「災対システムを近畿支店に構築し，被災時はフルバックアップからデータを復元する。」
- 「フルバックアップの取得先を（略）近畿支店に新設するストレージに変更する。取得対象データと取得時期は現在のままとする。」

「案 1 で，RPO を被災当日のオンライン開始時点と設定した場合，(ア) 情報システム部が販売部とあらかじめ合意すべき内容がある」。

Q 本文中の下線（ア）について，合意すべき内容を 40 字以内で述べよ。

（H28 秋 SM 午後 I 問 1 設問 1（2））

A 「被災日に入力済みのデータを，システム復旧後に再入力する必要があること（34 字）」

解答例の意味は，“被災日の朝から入力していたデータを，システム復旧後には再度入力する必要があること（40 字）”。

本問の「販売管理システム」は，夜間にフルバックアップを行い，翌朝 4 時からのオンライン処理に備えます。このため“目標復旧時点”である「RPO を被災当日のオンライン開始時点と設定」すると，昨夜までのデータしか復旧されません。

なお，用語“RPO”と“RTO（目標復旧時間）”について，過去の試験（H29 春 SG 午前問 4）では，RPO の正解として「エ システムが再稼働したときに，災害発生前のどの時点の状態までデータを復旧しなければならないかを示す指標」を選ばせました。対して RTO は，「イ 災害発生時からどのくらいの時間以内にシステムを再稼働しなければならないかを示す指標」です。

3　X社のU氏は，**販売管理システムの「平常運用フェーズではオンラインの応答時間の目標値を3秒以内**としているが，（注：**災害発生後の**）**業務再開フェーズ**と業務回復フェーズ**では待機系システムでのサービス提供になるので，応答時間の目標値は5秒まで許容する**ことにした」。
次ページの**表3（サービス継続計画の試験計画書の内容）中，項番2（「業務再開」フェーズ）の試験の実施項目は，「待機系システムを使ったサービス運用の開始」**である。

Q　**表3中の項番2の業務再開フェーズにおいて，提供サービスの正常稼働に関して，<u>機能面に加えて，確認すべき内容</u>を，35字以内で具体的に述べよ。**

（H25秋SM午後I問2設問3（1））

A　**「販売管理システムのオンラインの<u>応答時間が5秒以内であること</u>（29字）」**

ざっくり言うと，プログラミングで実現させる機能が"機能要件"。出題者は設問文の「**機能面に加えて**，確認すべき内容」という表現によって，受験者に**機能面じゃない方，すなわち"非機能要件"について**答えるように促しています。

そして**本文中で"非機能要件"に該当しそうなものは，応答時間（レスポンスタイム）**がそうです。どんな項目が"非機能要件"に該当するか，詳しくはIPAが公表する『非機能要求グレード』をご覧下さい。

そういえばAP試験の受験者にも，**たまに"機能"と"性能"をゴッチャにする人がいます。**車で言えば，カーナビが便利とかフルオートエアコンが楽とかは"機能"，エンジン出力が何kWとか最高速度やリッター何キロとかは"性能"です。

高機能はだいたい，性能を犠牲にします。

こう書く！

「サービスマネジメントの"**事業関係管理**"において，**サービス提供者が実施すべき活動**」とくれば→「サービスの顧客，利用者及び他の**利害関係者を特定し，文書化し**，顧客及び他の利害関係者との間に**コミュニケーションのための取決めを確立する。**」（R04春SM午前Ⅱ問6選択肢イ）

4 **製薬会社 R 社の情報システム部員による「システムのオペレーションは，販売管理システム専任の A チームと，生産管理システム専任の B チームの 2 チームに分かれている。部員は自身が担当するシステムについて教育を受け**，オペレーションを実施している」。「なお，**部員は自身が担当するシステム以外のオペレーションは実施していない**」。
3.6 ページ略，強い地震の「“ 被災時には，**勤務中の A チームのオペレータが何らかの理由で作業を行えなくなり，非番のオペレータも招集できないという不測の事態も考えられる。**RTO 内に復旧するために，**こうしたリスクへの備えも必要である。**”という指摘を受け，G 氏は（イ）対策を検討した」。

Q **本文中の下線（イ）について，有効な対策を 50 字以内で述べよ。**
(H28 秋 SM 午後 I 問 1 設問 3（1）)

A **「B チームのオペレータを販売管理システムのオペレーションもできるように教育する。(39 字)」**

被災時の要員確保の出題は，経済産業省の『事業継続計画策定ガイドライン』に基づく【→ p125】もご覧下さい。
本問では，**A，B 各チームの**「**部員は自身が担当するシステムについて教育を受け**，オペレーションを実施してい」ます。そこに，いかにも付け足したような表現，「なお，**部員は自身が担当するシステム以外のオペレーションは実施していない**」が続きます。
“だったら，各チームの部員に「自身が担当するシステム**以外の**オペレーション」も教えておけばいいよね。”と気づけば大勝利。本問は「有効な対策」だけを答えればいいので，**“ 教えるのは手間だ。” といった話は本問のスコープ外**です。

こう書く！

「システムが使用する物理サーバの処理能力を，負荷状況に応じて調整する方法としての**スケールイン**の説明」とくれば→「システムを構成する物理サーバの**台数を減らす**ことによって，システムとしての**リソースを最適化し，無駄なコストを削減する。**」
(R03 秋 AP 午前問 12 選択肢イ)

5 図１より，**F社の「本社（関東地区)」のサーバ室には，「財務会計システム」のサーバとストレージがある。**
次ページ，表２の注[2)]より，**財務会計システムでの**夜間の「バッチ処理の最終工程では，（略）**データのフルバックアップを磁気テープに記録している。磁気テープは，システムが稼働している当該サーバ室に保管している**」。
F社の経営層は，**F社の「本社**及び工場**のある関東地区で大規模地震が発生した場合を想定して，事業継続計画**（略）**を策定する**よう（略）指示した」。

Q **財務会計システムの運用上の問題点を，サービス継続の観点から40字以内で述べよ。**
(H30秋SM午後Ⅰ問１設問１（1))

A **「本社サーバ室が被災するとバックアップを含むデータを喪失する。(30字)」**

解答例の意味は，**“本社のサーバ室が丸ごとヤラレたら，磁気テープもヤラレて復旧できなくなってしまう。(40字)”**です。このまま書くと恥ずかしいので，**堅い文体に変えて下さい。**

なお，続く**設問１（2）では，この「問題点の解決策を**（略）**述べよ。」**が問われました。**本社の「財務会計システム」と同等の容量・能力がある「生産管理システム」をもつ「支社（関西地区)」が，**「財務会計システムの**フルバックアップデータを取り寄せ」る**という策に基づく答，**「バックアップの磁気テープのコピーを関西地区のサーバ室にも保管する。」**を書かせています。

ですが**この設問１（2）側の正解に気を取られ，設問１（1）側で“関西側の処理能力やキャパシティが不足しそう。”という線で答えてしまうと，設問１（1）側はバツ**です。

この“関西側の**処理能力やキャパシティ**が不足しそう。”**という話は，ITIL 4でいうと“キャパシティとパフォーマンスの管理”の観点です。設問が指定する「サービス継続の観点」ではありません。**

6 **T社は**「首都圏に**データセンタ**（略）**を保有し**」，U社などの**T社の「顧客はインターネット経由でT社のサービスを利用する」**。

U社では「基幹系業務システム（以下，**Uシステム**という）**を構築し，T社のハウジングサービスを利用している」**。

次ページ，**U社のシステム部の「運用課では，L氏がUシステムの運用**（略）**を担当している」**。

2.4ページ略，**「T社は**（略，注：設問3（1）解答例，**「ディザスタリカバリプラン」または「緊急時対応計画」**）**を用意していて，震災が起きた場合の対応などにも役立つ**。この計画に基づいて，**T社では**想定される災害の対策シナリオを作成し，**大規模な障害対策訓練を毎年1回実施している**。④T社はこれに，U社にも参加してもらうことを検討している」。

Q **本文中の下線④について，既にT社で実施している障害対策訓練の有効性を向上させるために，T社からU社に要請する内容を，40字以内で述べよ。**

（H30春AP午後問10設問3（2））

A **「運用課から担当者を選定し，該当者に障害対策訓練に参加してもらう。（32字）」**

解答例の表現は完璧な答え方。**マルがつく最低ラインは，書いた答から“U社側でシステムの運用を担当する者にも参加してもらう。（27字）”の旨が読み取れること**です。

なお**設問3（1）では，受験者に「ディザスタリカバリプラン」または「緊急時対応計画」を答えさせています。**これは本文中の，「T社は，③電力会社による長期の電力供給障害が発生したときに実施する計画を用意していて，震災が起きた場合の対応などにも役立つ。」という記述について，「下線③で**T社が用意している計画の名称**」として書かせたものです。

ですが注意。**設問3（1）で“BCP”や“事業継続計画”と答えても，マルは見込めません。これらは情報システムの復旧についてのプランよりも広い，事業全体の継続を考える話**です。

パターン 14 「その他のお仕事」系

情報システムの運用に関する，その他の出題をまとめました。本パターンの答だけを暗記しても，正直，あまり再出題は見込めません。本パターンは“これが問われたら，こう答えればいい。”という，答え方の練習用としてお読み下さい。

1 **「E 社では，E 社及びグループ会社各社のサービス利用者を対象としたサービスデスク**（以下，**SD** という）**を設けている」**。「SD では，サービス要求への対応を行い，サービス利用者に対応結果を回答する」。**「サービス要求の内容がバッチ処理作業依頼の場合は，**（注：**グループ会社**）**F 社のオペレーションチームに転送して処理してもらう。**バッチ処理の**終了後，オペレーションチームはその旨を［ a ］に連絡する。**サービス要求への対応について，サービス利用者に完了報告を行い，プロセスを終了する」。

Q **本文中の［ a ］に入れる適切な字句を，10 字以内で答えよ。**

（H25 秋 SM 午後 I 問 3 設問 1（1））

A **【内一つ】「サービスデスク（7 字）」「SD（2 字）」**

正解はこれで良いとして。

F 社は E 社のグループ会社なので，**本問の「F 社のオペレーションチーム」は多くの場合，E 社“の”サービスデスクの利用者**です。

ですが**本問，E 社のサービスデスクが「F 社のオペレーションチーム」に作業を依頼する，つまりは E 社“が”サービスの利用者**です。

『JIS Q 20000-2』の「6.1.3.5 他の関係者の管理」でも，「**サービス提供者は，顧客が供給者及び顧客の両方として活動することがある**と認識することが望ましい。」と述べていて，**どちらの立場にもなり得る**ことを示しています。

引用：『JIS Q 20000-2：2013（ISO/IEC 20000-2：2012）情報技術－サービスマネジメント－第 2 部：サービスマネジメントシステムの適用の手引』（日本規格協会 [2013]p37）

2　W 社では「**受注管理システムの適応保守**が必要になった」。「W 社の変更管理プロセスでは，変更諮問委員会が変更の影響について助言を与え，変更を承認する」。
次ページ，**10 月 10 日（水）開催の「緊急変更諮問委員会は，10 月 3 日（水）の変更諮問委員会で承認されたときにテストを完了していた PG**（注：プログラム）**に対し**，（ウ）追加で実施した修正，**及び**（エ）追加で実施したテスト**が問題なく完了していることを確認**し，業務ルール変更計画を承認した」。

Q　**本文中の下線（エ）について，（略）追加でテストすべき内容を，40 字以内で述べよ。**　(H30 秋 SM 午後 I 問 2 設問 3（3))

A　**「不具合を修正することによって，想定外の影響が出ていないかどうかを確認する。(37 字)」**

10 月 3 日（水）までにテストを終えた PG に，「追加で実施した修正」があるようです。その**追加修正分もテストするなら，行うべきは［午前］の試験にも出る“レグレッションテスト（退行テスト）”**。
AP 試験以上の［午後］では，自身の言葉で“レグレッションテスト”を軽く説明できるスキルが問われます。うまく説明できない時は，**いっそ本問の，スッキリと書かれた解答例を丸覚えしましょう。**覚えておけば［午後］の試験とか，後輩の基本情報技術者（FE）試験の受験指導とか，新人研修を教える時にトクをします。
AP 試験合格の目安は，“FE 試験をキッチリと教えられるレベル”。本書の読者様の前提条件に**“FE 試験は合格済み”**とあるのも，このためです。

第 4 章　サービスマネジメント

こう書く！

適切な**“FTA（Fault Tree Analysis）”**の説明とくれば→「障害と，その中間的な原因から基本的な原因までの全ての原因とを列挙し，それらを**ゲート（論理を表す図記号）で関連付けた樹形図**で表す。」(R04 秋 AP 午前問 47 選択肢イ)

3 本問の「**RFC**」は“**変更要求（Request For Change）**”，「**P1**」は「**月次集計プログラム**」。

……….

表3より，K社では変更諮問委員会（CAB）を「毎週火曜日に定期的に開催するが，RFCの優先度が緊急の場合はRFCの受付から2日以内に臨時開催する」。

次ページ，**10月10日（火）に**K社の「G氏に対して，**“P1の処理に問題があり（略）。”という連絡があった**」。

次ページ，G氏は「**10月20日の集計処理までに対応を完了する変更計画**を立てることにした」。変更計画の概要は下記等。

・「**10月19日までにP1を最新版に変更**する。」

・「**RFCの受入れが決定されてから速やかに確認テストの準備作業を開始**する。**準備作業に2日，テスト作業及び確認作業に3日の合計5日の日数が必要**である。**確認テストは，土曜日と日曜日も作業**する。」

G氏は**10月11日（水）に**，「・RFC管理項目の（イ）“優先度”については“緊急”と記入した。」等の**RFCを提起した。**

Q **本文中の下線（イ）について，RFC管理項目の“優先度”を“緊急”とした理由を，40字以内で述べよ。** （H29秋SM午後Ⅰ問2設問4（1））

A **「速やかにCABを開催し，確認テストに5日の日数を確保する必要があるから（35字）」**

……………………………………………………

本問の「RFC」は，インターネット技術の**“RFC文書（Request For Comments）”とは要区別。**

K社では**RFCを“緊急”としておくと，表3によって，CABが「RFCの受付から2日以内に臨時開催」されます。**

これなら**10月11日（水）にRFCを提起して，**遅めの見積りで**CABの開催が10月13日（金）としても，確認テストに必要な**「準備作業に2日，テスト作業及び確認作業に3日の**合計5日の日数」を確保した上で，「10月19日までにP1を最新版に変更」できそう**です。

そう。**本問の「確認テストは，土曜日と日曜日も作業する」んです。**

4 **L 社の「社員の業務時間は平日の 9 時から 18 時まで**である」。
「M 社クラウドサービスのストレージ」と「L 社事業所」の間は「VPN で接続されており，**平均 400M ビット／秒の速度でデータを送受信できる**」。
本問では **L 社の「500 名の社員が自分の PC に格納済の 20G バイトのデータを，それぞれクラウドストレージにコピーする**場合」を考える。
L 社の N 君は，**「1 週間の移行期間を設定し，L 社事業所内に移行用 NAS を設置して**（注：社員の PC からクラウドストレージへとデータを）移行する方式を検討した。**移行期間には，500 名の社員を 100 名ずつ五つのグループに分け，グループごとに**（注：**順繰りに**）**次の三つの作業を行うことでデータを移行する**」。

- **作業 1**：当該グループにおける**移行初日の「業務時間内に各社員が PC 内のファイルを**（注：L 社事業所内の）**移行用 NAS にコピー」**
- **作業 2**：**同日の「業務時間外に**（注：VPN 経由で）**移行用 NAS 内のファイルをクラウドストレージに移動」**
- **作業 3**：**2 日目の業務時間内に**，当該グループの**「各社員がクラウドストレージのファイルを確認し PC のファイルを削除」**

次ページの図 2 からは，**あるグループの「作業 3」と次のグループの「作業 1」が同時に行われる**旨と，**「作業 3」を終えたグループは 3 日目の業務時間内からは「クラウドストレージを利用して業務を行う」**旨が読み取れる。

Q **移行用 NAS からクラウドストレージへの<u>ファイルの移動を業務時間外に行う理由</u>を，35 字以内で述べよ。ただし，移行用 NAS のデータ容量は十分に大きいものとする。**
（R03 秋 AP 午後問 4 設問 2（3））

A **「業務時間内は前のグループがクラウドストレージを利用するから（29 字）」**

設問文の正しい解釈は，こうです。

誤：ファイルを，**業務時間外の 15 時間で<u>移動を終えられる</u>理由**
正：18 時～翌朝 9 時という，**業務時間外に<u>移動の作業を行う</u>理由**

なお，**100 名（＝ 100 台）の PC に格納されるデータは，合計 2T バイト（＝ 16T ビット）**と見積もられます。これを**平均 400M ビット／秒で転送するので，転送時間は平均 40,000 秒（約 11.1 時間）**。これなら，クラウドストレージへのファイルの移動は，業務時間外（18 時～翌朝 9 時）の間に終えられそうです。

5 **人材教育会社 D 社の「利用者**（注：意味は“**受講者**”）**が IT サービスを利用する場合**，まずシステムにログインして認証確認した後に，（注：「集合教育事業部」「通信教育事業部」が提供する）講座を受講したり，（注：「書籍出版事業部」が提供する）書籍を購入したりする。このとき，**利用者がどのサービスを利用したかという履歴が，アクセスログとして記録されている**」。
次ページで F 課長は，D 社の「一部の事業部が抱く**間接費の**（注：**「総額を各事業部の売上額で按分」** するという）**配賦方式への不公平感について，改善する必要がある**と考えた。そこで（略）**IT サービスの利用実態に応じて按分する方式に変更する方法として**，③アクセスログを使用した間接費の配賦方式を検討することにした」。

Q **本文中の下線③について，適切な配賦方式の内容を，30 字以内で述べよ。**

（R02AP 午後問 10 設問 3（2））

A **「費用をサービスごとの利用者数で按分して配賦する。（24 字）」**

踏み込みが弱いため“アクセスログに残る履歴から算出する。”はバツです。
本問では**間接費の按分方法を，「総額を各事業部の売上額で按分」から「IT サービスの利用実態に応じて按分」に変えます**。また，**サービスの利用実態については，下線③が言うように「アクセスログを使用」すれば把握できそうです**。アクセスログからは利用者ごとの履歴が，具体的には**「利用者がどのサービスを利用したかという履歴」が分かる**ので，これを使いましょう。

こう書く！

“BCP（Business Continuity Plan：事業継続計画）” の説明とくれば→「事業の中断・阻害に対応し，事業を復旧し，再開し，**あらかじめ定められたレベルに回復するように組織を導く手順**を文書化したもの」（R04 秋 AP 午前問 61 選択肢エ）

6 **A社の「運用部のB部長は，運用部が主体となった継続的な改善活動の必要性があると判断し，**（注：サービス部の**サービスマネージャである）S主任に対して，"S主任から運用部のチームリーダたちに今回の改善活動の事例を紹介し，改善への取組機運を高めてほしい。"と依頼した。S主任は，**運用部のチームリーダたちに対して（略）運用部としても**自ら改善活動を実施してほしい旨を提案した。しかし，チームリーダたちは，**提案主旨には同意したが，**改善活動の実施に踏み切れないでいた」。**

「このような状況を鑑みて，B部長は，サービス部長の了承を得て，③S主任をサービス部から運用部に異動させた。（略）**B部長からS主任に，"サービス部での経験を基に運用部に改善活動が根付くように推進してほしい。（略）"との指示があった」。**

Q **本文中の下線③について，S主任に期待している役割は何か。25字以内で述べよ。**

（R01秋AP午後問10設問2（1））

A **「運用部に自主的な改善活動を根付かせる役割（20字）」**

AP試験［午後］に，いわゆる"ヒッカケ問題"は，ほぼ無いと思って下さい。**こんなに文字列「改善活動」が出るのなら，その誘導に乗りましょう。**

本問のA社は「インターネットを使って航空券や宿泊施設などの予約サービスを提供する企業」ですが，**A社の運用部では「日常の運用を優先する傾向があり，**国内宿泊システムの運用を担当するチーム以外でも，**S主任が計画したような改善活動は実施されない状況が続いていた」**そうです。このように，**"答の軸は「改善活動」でよろしく。"という誘導だらけの出題**でした。

こう書く！

「サービスマネジメントにおいて，**構成ベースライン**を確立することによって可能になること」とくれば→「**構成監査及び切り戻しのための基準**となる情報の提供」（R04春SM午前Ⅱ問9選択肢ウ）

コラム 答案用紙への書き方について

試験の時期によって“レイヤ３スイッチ”と“レイヤー３スイッチ”など，長音記号の付け方に変化も見られます。読点も，文化庁の指針に沿って，カンマから“、”に変わるかもしれません。**もし書き方で迷った時は，問題冊子上の表記を真似るのが無難**です。

また，AP 試験［午後］の**答案用紙には，制限字数に合わせたマス目も印刷されます**。ところで字数がカツカツの時など，答の語尾に“。”は必須でしょうか？

IPA 公表の解答例では，単なる用語や体言止め，文末が“（…だ）から”や“（…する）こと”には，答の語尾に“。”が付かないようです。

これに対して**“。”が付くのは，言い切りの場合（例：“…する。”，“…ない。”）に限られる**ようです。

ですが筆者は実験済みです。一つの答案用紙に“。”の有無を混在させ，提出してみました。

それでも合格しています。文字列定数などの特殊な例を除き，**さほど“。”の有無は気にしなくても良さそう**です。

第5章

推理を楽しむ！「システム監査」 60問

- パターン1　「悪手を見つけた→反対かけば改善策」系 4問
- パターン2　「防ごう“オレオレ”」系 6問
- パターン3　「オレオレならば“人を分ける”」系 3問
- パターン4　「情報セキュリティ監査」系 11問
- パターン5　「記録を閲覧」系 6問
- パターン6　「防ごう“もみ消し”」系 2問
- パターン7　「システム開発」系 4問
- パターン8　「“監査”の知識」系 4問
- パターン9　「IT 統制」系 4問
- パターン10　「“PM”の知識」系 5問
- パターン11　「探偵気分で推理」系 11問

パターン 1 **「悪手を見つけた→反対かけば改善策」系**

本パターンで出題者が試したいことは，問題視される表現を本文中から見つけるスキルと，適度な猜疑(さいぎ)心をもった受験者のツッコミ力(りょく)です。ですがご注意。**システム監査人の役目は，原則，内部統制が機能していることの“確認”まで**です。改善策も含めて答案用紙に書くべきかは，設問文がどう問うているか，その指示に従って判断して下さい。

1 **製造業 P 社では，「社内の各部門が参画した DX 推進プロジェクト**（以下，**DX-PJ** という）**が発足している」**。

1.1 ページ略，**〔DX-PJ の活動状況〕の記述は**，社内の「各部門ともに，**他部門のデータも活用したいというニーズ**が大きくなってきている。**一方で，他部門へのデータの提供可否判断や，データ内容の正確性や網羅性の確保について，責任や権限が不明確なため，活用が困難**という意見がある。」等。

次ページの**監査室長の発言は，「DX 推進のためには，データ活用」**，「**さらには**，④データの収集・蓄積・活用のための責任と権限を定めたルールの整備**も必要になる**だろう。」等。

Q **本文中の下線④について，室長がルールの整備も必要と考えた理由を，〔DX-PJ の活動状況〕の内容を踏まえて，35 字以内で述べよ。**

(R02AU 午後 I 問 1 設問 4)

A **「他部門のデータを活用するための責任や権限を明確にする必要があるから（33 字）」**

DX（デジタルトランスフォーメーション）でよく見る言葉，“データとデジタル技術の活用”の出題です。本問だと〔DX-PJ の活動状況〕に書かれた，社内の「各部門ともに，**他部門のデータも活用したいというニーズ**が大きくなってきている。」という表現が，社内での DX の気運の高まりを感じさせます。

ですがここで，**「一方で,」に続けて，ややネガティブな表現が見られます。**話の方向を 180 度変える**“しかし”，“だが”，“…ものの”といった表現を見つけたら，それは出題者からの“ここを問題視せよ。”の合図**です。

その上で**改善させる話を答えたければ**，問題視されている**ネガティブな話の，逆を書きましょう。**

2 Ｐ社では「ある日，**利用者から“Web サイトに掲載されている FAQ の項目数が少ない”という苦情があった**」。Ｐ社の「Ｍ氏が，**Web サイトのアクセス履歴から FAQ の利用状況を調査したところ，FAQ のアクセス数も少ないことが分かった**」。
Ｍ氏が「**FAQ の作成方法の改善を検討した**（略）**結果，初心者だけではなく，全ての利用者を対象として FAQ の項目を選定し，掲載することにした**」。

Q **実施した改善策が有効であることを確認する方法について，“利用者からの苦情が減少すること”以外の方法を 40 字以内で述べよ。**

（H29 秋 SM 午後Ⅰ問 3 設問 1（2））

A **「Web サイトのアクセス履歴で今回作成した FAQ が閲覧されていることを確認する。（39 字）」**

Ｍ氏は「Web サイトのアクセス履歴から FAQ の利用状況を調査」しました。すると，利用者が言う「FAQ の項目数が少ない」のとは**別の問題として，「FAQ のアクセス数も少ないことが分かった」**ようです。
そこで**Ｍ氏は，FAQ の項目を，詳しい人向けも含めて増やすことにしました。**その上で設問では，Ｍ氏によるこの「改善策が有効であることを確認する方法」を聞いているのですから，**書くべき答の粗筋は“詳しい人向けも含めて今回増やした FAQ の項目が，ちゃんと読まれていることを，アクセス履歴から確認する。（51 字，字数オーバ）”**です。
ここからムダな言葉を削り，漢字も使って文を引き締め，11 字以上を減らしましょう。

こう書く！

適切な，「**クラウドサービスのセキュリティ評価制度である ISMAP** に関する記述」とくれば→「政府が求めるセキュリティ要求を満たしていることが確認されたクラウドサービスが **ISMAP クラウドサービスリスト**に登録される。」（R04 春 SM 午前Ⅱ問 16 選択肢ウ）

第5章 システム監査

3 保険会社 **B 社での，「営業支援システムの再構築プロジェクト」の「再構築計画の適切性について」**行ったシステム監査の，**〔本調査の計画〕の記述**は下記等。

- **表 2 中，項番②が示す「・コストを必要以上に削減した結果，ビジネス目標に合致しないシステムになる。」というリスクに対するコントロールとして，「・コスト削減だけでなく，様々な角度から評価して再構築方式を決定している。」が機能しているか**，という**「ビジネス目標に合致したシステム再構築計画の妥当性」の観点で監査**を行う。
- 「**(2) 表 2 項番②について，計画書**（注：意味は**「プロジェクト計画書」**）**の内容を見ると**，コストに関する記述が中心で，**再構築方式を決定するまでの検討が不十分ではないかという懸念がある。**そこで，**リスクに対応したコントロールが当プロジェクトの中で適切に検討されているかどうか**を（注：本調査では）確認する。」

Q **〔本調査の計画〕(2) について，<u>監査部が確認しようとしている具体的な内容</u>を 40 字以内で述べよ。** (R03 秋 AU 午後 I 問 2 設問 2)

A **「再構築方式を比較検討した際の評価項目に，<u>ビジネス目標の視点があること</u>（34 字）」**

問題冊子だと表 2 よりも前，〔予備調査の結果〕には，**本問の背景がうかがえる下図の記述**も見られました。

過去の「基幹系システムの再構築プロジェクトの実施時，**経営陣からはコストの最適化を求められていた。一方で**（略）対面販売を代替することができる営業支援システムの実現を早期に達成する，という**ビジネス目標が，経営陣から提示されている。**」

うまく構築できれば「対面販売を代替することができる」ビジネスチャンスなのに，**経営陣が再構築費用の安さにこだわり過ぎて“視野狭窄(きょうさく)”に陥ると，そのチャンスを逃してしまいます。**だからバランス良く検討するべき，というのが本問の正解の骨子です。

4 証券会社 R 社の「**新たに就任した社長は**（略）**戦略的に重要なシステムについて積極的な投資を行う方針**である」。
R 社**監査部は**「**新社長の方針を受け**，（略）今年度のシステム監査年度計画及び個別監査計画と併せて**新社長に報告することになった**」。
2.5 ページ略，**〔監査計画に関する社長からの指示〕での，監査の知見もある社長からのコメントは，「(1) 監査対象システムの選定」として**「システムの**機密性，完全性及び可用性の観点の評価結果だけで選定した場合，本来監査対象とすべきシステムが監査の対象とならない**懸念がある。」等。

Q **〔監査計画に関する社長からの指示〕(1) について，監査対象の選定方法をどのように見直すべきか，30 字以内で述べよ。** (R02AU 午後 I 問 2 設問 1)

A **「戦略的重要度の観点も追加して対象システムを選定する。(26 字)」**

「システムの**機密性，完全性及び可用性**」**とは，情報セキュリティによって守られるべきことの三つ。**このため**新社長の懸念とは，つまりは“この監査計画だと情報セキュリティのことしか考えていない。”**です。

R 社監査部は「新社長の方針を受け，（略）報告することになった」のですから，**新社長の方針である，「戦略的に重要なシステムについて積極的な投資を行う方針」に沿った報告でないと困ります。**

こう書く！

「安全・安心な IT 社会を実現するために創設された制度であり，**IPA“中小企業の情報セキュリティ対策ガイドライン”に沿った情報セキュリティ対策に取り組むことを中小企業などが自己宣言するもの**」とくれば→**「SECURITY ACTION」**(R04 春 SC 午前Ⅱ問 7 選択肢エ)

パターン２ **「防ごう“オレオレ”」系**

AP 試験［午後］問 11（システム監査）に多いのは，実行者と承認者の兼務を見抜かせる出題。例えば出題者が本文中に，“データの入力者”と“入力されたデータを確認・承認する者”が同一人物である旨を仕込んでおき，これを受験者に指摘させる出題がそうです。
その指摘に対する解決策は，次の【→パターン３「オレオレならば“人を分ける”」系】をご覧下さい。

1 **Z 社の経営陣は，「システム開発プロジェクトの**途中，及びシステムのリリース後に，**投資対効果を検証するための制度**（以下，**ステージゲート**という）**を導入した」**。
2.7 ページ略，システム監査の〔本調査の概要〕の記述は下記等。
・**「ステージゲート導入の目的を達成するためには，各ゲートでの審査が適切に実施されることが重要である。**審査が**適切に実施されなければ，**表２のような（注：**「実効性がある審査が行われない」**等の）**リスクが想定される。**そこで，**各ゲートでの審査の内容を確認するために，表２に示す監査要点**（注：**審査実施者は「［　ア　］」**等）**を追加した。」**

Q **（略）表２中の［　ア　］に入れる<u>監査要点</u>を 30 字以内で述べよ。**
（H30 春 AU 午後 I 問 1 設問 5）

A **「プロジェクトに利害がある者が審査に関わっていないこと（26 字）」**

本問の**「ステージゲート導入の目的」は，「投資対効果を検証するため」**です。もし**システム開発の当事者が投資対効果にホラを吹いていて，かつ，その人がステージゲートの審査実施者も兼ねていると，「実効性がある審査」は難しい**です。
なお，ステージゲート法を知らなくても本問は解けますが，**本問の Z 社が導入した「ステージゲート」では，「システム開発プロジェクトを五つのステージに分け，**各ステージが完了して**次のステージに進む前の時点**（以下，**ゲート**という）**において，**新たに設けた**投資委員会が審査を行い」，承認や差戻し，中止などを判定しています。**

2 食品製造販売会社**U社の「販売物流システム」での，「売上データ」に対する「売上訂正処理では，売上データを生成するための元データがなくても**（注：**訂正等の）入力が可能**である。**現状では，売上訂正処理権限は，営業担当者に付与されている**」。

次ページ，策定した監査手続（案）への**内部監査室長による指摘**は下記等。

・「**権限の妥当性についても確かめるべき**である。特に**売上訂正処理は**（略，注：**「出荷指図データ」**（空欄 a)）**がなくても可能なので，不正のリスクが高い。このリスクに対して**①現状の運用では対応できない可能性があるので，運用の妥当性について本調査で確認する必要がある。」

Q **（略）内部監査室長が下線①と指摘した理由を25字以内で述べよ。**

（R04 春 AP 午後問 11 設問 2）

A **「営業担当者に売上訂正処理権限があるから（19字）」**

“内部統制の点で（特に「ITに係る業務処理統制」に）**問題がある。どの点か？”とくれば，着眼点の筆頭は“データの入力と承認を同じ人がやれてしまう。”**です。

鉄則 **見抜けば得点“入力者と承認者が同じ”**

“では，その改善策は？”とくれば，書くべき答は“承認のプロセスは別の人（例：上司）**に分ける。”**です。

鉄則 **“入力者と承認者が同じ”とくれば，改善策は“その分離”**

本問の**U社は，現状だと，営業担当者が自身で数値を“訂正”（悪く言えば“改ざん”）できてしまいます。**現状だと例えば，モノを売ったことにして現物は横流しする，成績を良く見せようと売上額を水増しするといったことも，後先を考えなければ，やれてしまいます。

第5章 システム監査

3 **U社での「新会計システムに関連する運用状況のシステム監査」の，「予備調査で入手した情報」**は下記等。

- 「現状の**経理業務は手作業が多く，多くの派遣社員が担当**している。」
- 「伝票ごとの**手作業入力の場合は，入力者が伝票入力を行った後に，担当チーム長などの承認者が伝票承認入力を行う**と正式な会計データになる。」
- 「新会計システムは，入力者が承認できないように設定されている。」
- 「**派遣社員は**個人ごとの利用者IDでなく，**同じチームの複数人で一つの利用者IDを共有している**（以下，**共有ID**という）。**共有IDのパスワードは**，自動的な変更要求の都度，**担当チーム長が変更し，各派遣社員に通知している。**」

次ページ，**〔本調査の結果〕の記述は，「共有IDについて，担当チーム長がパスワードを変更すると，［　e　］を行うことが可能となる**ので，改善が必要である。」等。

Q **〔本調査の結果〕の［　e　］に入れる適切な字句を15字以内で答えよ。**

（R03春AP午後問11設問3）

A **「担当チーム長が入力と承認（12字）」**

内部統制（特に「ITに係る業務処理統制」）を図る場合，**入力者と承認者を別の人に分けるのが鉄則**です。

なのに**現状だと，「担当チーム長」は立場上，派遣社員の共有IDと，そのパスワードの両方を知ることができます。**「担当チーム長」が派遣社員の共有ID・パスワードを使って**不正な手作業入力をすれば，その承認も「担当チーム長」自身が行えてしまいます。**

一応，本問の「新会計システムは，**入力者が承認できないように設定されている**」ようです。ですが**その設定も，派遣社員の共有IDを使って入力を終えた「担当チーム長」が，その後，「担当チーム長」自身のIDで再度ログインし直して自分で承認すれば，突破できそう**です。

11 本問の**「被疑 PC」は，PDF 閲覧ソフトの脆弱性を突くマルウェアへの感染が疑われる，R 社内の PC。**

………

表 1 より，**R 社内の「パッチ配信サーバ」は**「OS と **PDF 閲覧ソフトの脆弱性修正プログラムを社内 PC に配信し**」，**ログとして「各 PC の脆弱性修正プログラム適用結果」等を取得する。**
9.5 ページ略，R 社の V 課長は，**フルパッチを当ててあり PDF を正常に表示できる**「④比較対照用 PC の状態と，今日の勤務開始時刻時点の被疑 PC の状態では，重要な点が異なっている可能性が高いので，（注：**「パッチ配信サーバ」**（空欄 f））**のログを確認してみる**ようアドバイス」した。

Q **本文中の下線④について，どのような点が異なっていたか。30 字以内で述べよ。**
（H29 春 SC 午後Ⅱ問 1 設問 5（1））

A **「PDF 閲覧ソフトの脆弱性修正プログラムの適用状況（24 字）」**

本問の「パッチ配信サーバ」は，「PDF 閲覧ソフトの脆弱性修正プログラムを社内 PC に配信」し，その適用結果をログとして取得します。**このログを使いましょう。**

なお，本問中に「適用」という字の手本があるのに，**間違えて“適応”や“摘要”と書かないで下さい。**そんな人のために**今回，漢字かきとりテスト【→ p338】も用意しました。**

こう書く！

「不正アクセス禁止法で規定されている，**“不正アクセス行為を助長する行為の禁止”規定によって規制される行為**」とくれば→「業務その他**正当な理由なく，他人の利用者 ID とパスワードを正規の利用者及びシステム管理者以外の者に提供する。**」（R04 春 AP 午前問 78 選択肢ア）

パターン5 **「記録を閲覧」系**

答の軸に“監査手続において（議事録，計画書，実績表などの）記録された文書を閲覧する。”を据えさせる出題を集めました。もし議事録の存在を本文中から確認できなくても，“会議が行われたのなら，その議事録もあって当然だ。”と決めつけて，この場合も“議事録を閲覧する。”と答えちゃいましょう。

1 U社のシステム監査チームは，**システム構築プロジェクトの「基本設計検討会の議事録には，開催日時，出席者，検討事項，検討結果などが記載される。」**等を把握した。
次ページの**表2中，項番2の監査手続**は，「**基本設計書及び［ b ］を閲覧**して，**基本設計書の“機能設計”の内容が，基本設計検討会での検討結果と整合**していることを確認する。」である。

Q **表2項番2に記述中の［ b ］に入れる適切な字句を，15字以内で答えよ。**
(R03秋AP午後問11設問2)

A **「基本設計検討会の議事録（11字）」**

引用を省きましたが，**本問の監査手続は，「基本設計検討会での検討結果に基づき，機能が設計されていること」という，表2中の監査要点に対するもの**です。

こう書く！

「アプリケーションの利用者ID」（R04秋SC午前Ⅱ問25選択肢イ）とくれば→「被監査企業がSaaSをサービス利用契約して業務を実施している場合，被監査企業のシステム監査人が**SaaSの利用者環境からSaaSへのアクセスコントロールを評価できる対象のID**」

2 サービス業 **P 社での " 働き方改革 " の施策**のうち，「**会議の効率向上**の内容は，次のとおりである」。

①「全ての会議の参加者・時間・頻度を見直し，**1 人当たりの会議時間を低減する。**」

②は省略。

③「(注：P 社が構築した「データ分析システム」がもつ）データ分析ツールを利用して，**会議の実績を目的別・部署別に集計した " 会議開催実績表 " を作成し，①と②の施策の進捗状況を把握できるようにする。**」

次ページ，**システム監査人が行った〔本調査の結果〕中，「(3）データの分析・活用」の記述**は，「② **各部門において，分析結果を活用した会議の見直しが行われているかどうか**を確かめるために，**会議の効率向上について状況を確認した。**」等。

Q **〔本調査の結果〕(3）の②について，システム監査人が状況を確認するために行った監査手続を，40 字以内で述べよ。** (H30 春 AU 午後 I 問 2 設問 5)

A **「" 会議開催実績表 " を閲覧して，1 人当たりの会議時間の減少を確かめる。(34 字)」**

正解はこれで良いとして。**本問は，投げられた " 国語の問題 " を正しく打ち返すための練習用**です。

本問の背景として，**P 社では**「昨年，**社内の各種活動の実績を把握**して，新たな施策を立案し，実施する活動を進めていくこと**を目的として，データ分析システムを構築**」**しています。**本問は，P 社が**その**「**構築目的の達成状況を確かめるために，**監査室による**システム監査を実施することにした**」ことの一環です。

こう書く！

「A 社は，B 社と著作物の権利に関する**特段の取決めをせず**，A 社の要求仕様に基づいて，販売管理システムの**プログラム作成を B 社に委託した。この場合のプログラム著作権の原始的帰属**」とくれば→**「B 社に帰属する。」**(R04 春 AP 午前問 77 選択肢エ)

3 本問の「**PoC**」は，**新技術導入前の実証実験などを指す“Proof of Concept”**。

………

「A 社は**コールセンタへのチャットボットの導入**を検討している」。監査チームが予備調査で得た情報は下記等。

- 「コールセンタとシステム部が協議した内容を構想立案書としてまとめ，次に，**概念実証**（以下，**PoC** という）**の実施に当たり PoC 計画書を作成した。**」
- 「システム部は，学習データと教師データの全件を AI に学習させ，**PoC の実施結果を PoC 評価書としてまとめた。**」
- 「システム部は，（略）**PoC の実施結果に一部想定外の状況が発生しているので，PoC を継続して実施する予定である。**」

次ページで監査チームが想定したリスクは，「**PoC の計画策定時に評価基準が不明確な場合には，実施結果の良否判断ができず，PoC の終了を判断できない**リスクがある。また，**評価結果が不明確な場合には開発計画が不確実になり，期待どおりのチャットボットを開発することができない**リスクがある。そのため，**PoC の計画策定では，実施の目的，結果の評価基準及び終了基準を定める**必要がある。」等。

続く**〔M 氏の助言〕の記述**は，「**(2)**（略）**PoC を継続実施する計画になっている。今後の PoC の評価が不明確な場合は開発が遅延するリスクがある。**PoC の計画と実施についての監査手続が必要である。」等。

次ページ，**助言を踏まえて修正した監査手続書（表 1）の，「PoC の計画と実施は適切に行われているか。」という監査要点に対する監査手続**は下記。

- 「**計画について，［　イ　］**」
- 「**実施について，［　ウ　］**」

Q **〔M 氏の助言〕(2) を踏まえて，表 1 中の［　イ　］，［　ウ　］に入れる監査手続を，それぞれ 45 字以内で述べよ。**　（R03 秋 AU 午後 I 問 1 設問 2）

A **【イ】「PoC 計画書を閲覧し，目的，結果の評価基準，終了基準の記述があることを確かめる。(40 字)」，【ウ】「PoC 評価書を閲覧し，結果の評価や終了の判断についての記述を確かめる。(35 字)」**

探究心の強い方はご注意。PoC，ついズルズルと続けたくなります。そこで，**歯止めとなるコントロール（統制）が整備されているのか**を確認するのが本問です。

4 「A 社は**コールセンタへのチャットボットの導入**を検討している」。
1.7 ページ略，監査チームがまとめた**「チャットボット開発のリスク」**は下記等。
・「AI の利用は経営や業務へのリスクがある。**導入目的や利用範囲について，経営会議などの審議を経て経営層が承認するプロセスが必要**である。」
続く**〔M 氏の助言〕の記述**は，「**(1) 監査手続として AI に関する開発原則を確かめるだけでは不十分**であり，追加の手続が必要である。」等。
次ページ，**助言を踏まえて修正した監査手続書（表 1）の，「AI の導入目的や利用範囲について，経営層が判断，承認しているか。」という監査要点に対する監査手続は，**「　ア　」。

Q **〔M 氏の助言〕(1) を踏まえて，表 1 中の　ア　に入れる監査手続を 50 字以内で述べよ。** (R03 秋 AU 午後 I 問 1 設問 1)

A **「経営会議などの議事録を閲覧し，経営層によって十分に審議され，承認されているかを確かめる。(44 字)」**

経営層が，AI や機械学習といった言葉に飛び付いてはいないかも心配です。そこで，**“会議で議論は尽くされたか？”**の確認方法とくれば**“議事録の閲覧”**。本問の**「経営会議などの審議を経て経営層が承認するプロセス」が機能しているかの確認には，その議事録を閲覧し，確かめる策が効果的**です。

ところでチャットボットの導入・開発で考えられるリスクには，**チャットボットが示す変な回答がクレームを招かないか，A 社に不利な回答を示すよう開発者が仕込んでいないか**，等もあります。それもあって**AI の導入先は，今はまだ“間違えても許される場面”が中心**です。判断をミスると人命に関わる，経営が傾くなどの**“絶対に間違えられない場面”への導入には，特に慎重さが求められます。**

なお，この時の出題（R03 秋 AU 午後 I 問 1）の〔監査チームが想定したリスク〕には，**AI の導入・利用のリスクに関する記述が 4 点ほど挙げられていました。**この手の話に興味があり，余力もある方は，IPA の Web サイトから問題冊子の PDF を入手し，眺めてみて下さい。

5 U社のシステム監査チームによる，**X年5月の〔要件定義段階の監査で把握した事項〕の「(4) 要件の管理」の記述**は下記。

・「**要件定義段階で未確定の要件**（以下，**未確定要件**という）**は，課題管理表に記載**し，確定するまで管理する。**未確定要件は，基本設計の開始日から2か月以内に確定させる**予定である。」

次ページ，「**基本設計は，X年7月1日に開始**した」。

次ページ，システム監査チームは「予備調査の結果を踏まえて，**本調査をX年9月10日～14日と計画**した」。内部監査部長の指示は，「**〔要件定義段階の監査で把握した事項〕の（4）を考慮して**，本プロジェクトの**未確定要件に関して**（略）**追加の監査手続を検討する**こと。」等。

次ページ，内部監査部長の指示を受けて策定した**追加の監査手続は，表3中の項番3，「課題管理表を閲覧して，［ g ］を確認する。」**等。

Q **表3項番3に記述中の［ g ］に入れる適切な字句を，20字以内で答えよ。**
(R03秋AP午後問11設問6)

A 「全ての要件が確定していること（14字）」

解答例をベタに言うと，“本当に未確定の要件は無くなっているか（18字）”の確認，です。もちろん私が受ける時も，このようにベタに書きます。**皆様も，まずは“ベタでも大筋で合ってる表現”を目指して下さい。**

ところで**本問の「課題管理表」とは，PMBOKでいう“課題ログ（Issue Log）”のこと。**ここから，**本問でいう「(4) 要件の管理」とは“イシュー管理（いわゆるチケット管理）”のことだ，と気付けば勝利の一歩手前**です。

そして「**未確定要件は，基本設計の開始日から2か月以内に確定させる予定**」なので，**「X年7月1日に開始した」基本設計なら，8月末頃には，未確定の要件は無くなっているはず**です。本問，これを確認しました。

なお，この時のAP試験［午後］問11は，問題冊子4ページ相当の量でした。その**本文の最初から最後までをフルに使って，飛び飛びの記述から情報を拾い，つなぎ合わせて初めて正解に至る**のが，この「設問6」でした。

6 **貸金業者Ｖ社が進める「債権管理システムの更改プロジェクト」の「要件定義の適切性について」の監査**で，システム監査チームが把握した概要は，**「債権管理部及び法務部の要件定義メンバは，業務要件の検討結果を業務要件一覧に**（略）**まとめる。」**等。

次ページの**業務要件一覧（表１）は，業務要件とその根拠資料**（例：債権管理法令集，業務マニュアル）**との対応表。**

次ページ，**〔本調査〕の「(2) 業務要件の根拠が明確かどうかを，次のとおり確認した。」の記述**は下記の２点。

①「(略) **業務要件の一部は根拠資料の内容との関係が不明確であった**ことから，業務要件の根拠が明確であることを立証するための十分な（注：「監査証拠」(空欄 a)）を得られなかった。**例えば，表１**項番①**の業務要件が，債権管理法令集に記載された法令のどの条項に対応するのか，システム監査チームは確認できなかった。」**

②**「業務要件の根拠が明確であることを立証するために，［ b ］に［ c ］を説明するよう求めた。」**

Q **〔本調査〕(2) ②の記述中の［ b ］，［ c ］に入れる**適切な字句**を，それぞれ 20 字以内で答えよ。** (H30 春 AP 午後問 11 設問 3)

A **【b】「債権管理部及び法務部の要件定義メンバ（18 字）」，【c】「業務要件と根拠資料の内容との関係（16 字）」**

本文中の記述から，**適切な長さの文字列をコピペ改変させる出題。**システム監査チームは，**業務要件とその根拠となる資料との対応づけが，確実になされているかを確認**したかったのでした。

こう書く！

「ISO/IEC 15408」（R04 秋 SC 午前Ⅱ問 9 選択肢ア）とくれば→**「IT 製品及びシステムが，必要なセキュリティレベルを満たしているかどうか**について，調達者が判断する際に役立つ評価結果を提供し，独立したセキュリティ評価結果間の比較を可能にするための規格」

パターン6 **「防ごう“もみ消し”」系**

データの入力者と，消去・改ざんできる者との兼務が読み取れたら，本パターンの適用を。そして本文中から**“システム管理者”**や**“特権ID”**といった文字列を見つけたら，**その強い権限によって大事な証跡を消去・改ざんされそう**だ，と疑って下さい。

1 住宅販売会社**T社での，「住宅販売システム」の「利用者IDの定期的な確認**（以下，**利用者ID棚卸**という）**」の現状**は下記等。

・**T社の「支店では，**利用者ID数が少ないので，**各支店のシステム管理者が住宅販売システムの権限マスター覧画面で**（略）**直接確認作業を行っている。**このとき，**支店に在籍していない従業員の利用者IDが発見された場合は，**支店長の承認を得**て画面上で権限マスタデータを更新している。」**

次ページの**表1（監査手続一覧）中，項番「(2)」の監査手続は，「①支店において，利用者ID棚卸が適切に実施されているかどうかを確かめる。」**等。

Q **支店の現状の利用者ID棚卸の手続では，表1中の項番（2）の監査手続①を実施するのに支障を来す。<u>その理由</u>を25字以内で述べよ。**

（H28秋AP午後問11設問3）

A 「利用者ID棚卸を実施した<u>証跡が残らない</u>から（21字）」

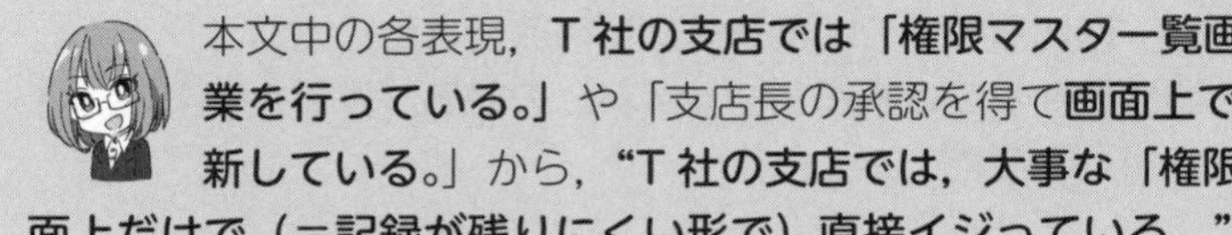

本文中の各表現，**T社の支店では「権限マスター覧画面で**（略）**直接確認作業を行っている。」**や「支店長の承認を得て**画面上で権限マスタデータを更新している。」**から，**“T社の支店では，大事な「権限マスタデータ」を，画面上だけで（＝記録が残りにくい形で）直接イジっている。”と読み取れたら大勝利**です。

2 住宅販売会社 **T 社での，「住宅販売システム」の現状**は下記等。

・**情報漏えい防止の観点で**，住宅販売システムからの**顧客情報などの「ダウンロードの理由を記録に残すために**，当該メニューの**利用者は必ずシステム管理者にダウンロードの対象範囲及び理由を電子メールで報告する。ダウンロード操作は，システム管理者が実施する場合もある。**その場合には**システム管理者自身宛ての電子メールで記録に残す。」**

・「**システム管理者は，住宅販売システムのアクセスログから**情報のダウンロード用メニューの利用ログを選択して“**月次ログリスト**”**として出力し，内容のレビューを行い**，確認印を押している。**不正アクセスが発見された場合は，支店長又は営業管理部長に報告している。」**

Q **（略）現状のシステム管理者による利用ログのレビューでは不正が適切に報告されない可能性がある。考えられる可能性を 25 字以内で述べよ。**

（H28 秋 AP 午後問 11 設問 6）

A **「システム管理者の不正なアクセスが報告されない。（23 字）」**

解答例の意味は，“**システム管理者自身が行う不正なダウンロード操作については，黙っていれば上には報告されない。（45 字，字数オーバ）**”です。

本問でいう**「システム管理者」**や，他にも“Administrator”，“特権 ID”，“root”など，**強すぎる権限を本文中に見つけたら，これは“やりたい放題”を指摘させる出題かな？ と疑って下さい。**

ちなみに本問，**元の出題では，下図の「監査手続①及び②の結果に問題がなかったとしても，**現状のシステム管理者による利用ログのレビューでは不正が適切に報告されない可能性がある。」**に続けて，「考えられる可能性」を問うもの**でした。

① 「月次ログリストの出力対象が，（注：「網羅性」（空欄 d））を満たしているかどうかを確かめる。」
② 「月次ログリストのレビューについて，リストにシステム管理者の確認印があるかどうかを確かめる。」

言い換えると，**上記 2 点が確認できたとしても，本問の正解，「システム管理者の不正なアクセスが報告されない。」の可能性は残ってしまう**，ということです。

パターン 7 **「システム開発」系**

本パターンは，情報システム開発の知識がそのまま得点につながります。下流工程でのバグ摘出については基本情報技術者（FE）試験や AP 試験［午後］問 8（情報システム開発）に任せるとして，**問 11（システム監査）では主に，上流側の視点で指摘させます。**

1 **保険会社 B 社での「ハードウェアのサポート切れが近づいている営業支援システムを再構築する」プロジェクト**を対象としたシステム監査の，**〔本調査の計画〕の記述**は，「**(4)**（略）**現行の COBOL から新しいシステム基盤の構築言語である Java への**変換ツールの採用が検討されている。（略）**ただし，システムを稼働させるためには，**ソースプログラムの変換だけでなく，**新しいシステム基盤であるクラウドサービスの機能に依存する事項の検討が十分かどうかを確認する。**」等。

Q **〔本調査の計画〕(4) について，システム基盤に依存する事項に関して監査部が確認しようとしている内容を，35 字以内で述べよ。**

（R03 秋 AU 午後 I 問 2 設問 4）

A 「セキュリティ，障害設計などの非機能要件の実現性が検討されていること（33 字）」

なんでこれが正解なのか，ナゾですよね。

本問，**本文中のどこにも“現在はメインフレーム（汎用機）を利用中”とは書かれていません。**ですが**舞台は保険会社，広い意味での金融機関**です。そして**「ハードウェアのサポート切れが近づいている」，「現行の COBOL」といった表現から，そうなのだと気付かせる出題**でした。

メインフレームであれば比較的ラクに済んでいた**「セキュリティ，障害設計など」の話が，クラウドサービスへの移行後は，身近な問題として B 社に降りかかる，**というのが解答例の言いたいことです。

2 **A 法人での**「基幹システム再構築プロジェクト」の「**ステアリングコミッティは**（略）**重要な意思決定を行う組織**であり，システム担当役員，情報システム部長及び各利用部門の担当役員で構成されている」。
1.7 ページ略，**〔システム監査の結果〕の記述は**，「**(2) 表 2 の項番 2 の監査要点**（注：「**ステアリングコミッティが**，管理基準に記載されている**役割を果たしていること」**）**について**，（注：A 法人 PM の）T 課長にインタビューした。**T 課長は，“**（略）**出席者の都合がつかず，書面によって審議することになり，承認されるまでに約 2 週間を要した ” と説明した。**」等。
次ページ，**〔システム監査の報告〕の記述は**，「**(1)〔システム監査の結果〕(2) について，ステアリングコミッティが十分に役割を果たしているとはいえない**ので，このままの体制で開発を進めた場合はリスクが大きい。」等。

Q **〔システム監査の報告〕(1) について，監査チームが考えたリスクを，45 字以内で述べよ。** (H28 春 AU 午後 I 問 3 設問 3)

A **「A 法人での意思決定がタイムリに行われず，工程の遅延や手戻りが発生するリスクがある。(41 字)」**

最低限 “ 遅くなる ” 旨は読み取れること。そこから文字数を膨らませるテクニックは下記。これと **“ 奥義！ 言葉のパレート分析 ”**【→ p193】**の併用で大勝利**です。

①最重要のキーワード，**今回だと “ 遅くなる ” は外せません。**
②組織名の **「A 法人」，「重要な意思決定を行う組織」**，11 字のカタカナ英語 **「ステアリングコミッティ」，これらが材料に使えそう**です。
③**今回は「リスク」を答える**ので，例えば“QCD（品質，コスト，納期）”などの観点を駆使して，**本問の情景からアラを探しましょう。**
④もし**字数が膨らみ過ぎたら，真っ先に削るべきはカタカナ英語。**
⑤集めた**言葉の部品を，重要な言葉から順に組み入れ，文末の着地点は “（…という）リスク ” を目指します。**

これで，**“ 遅くなるリスク。A 法人の重要な意思決定を行う組織であるステアリングコミッティにおいて。(43 字) ”** という文字列が作れます。
奇跡の倒置法，マルも期待できますね。

3 保険会社 **B 社での，「営業支援システムの再構築プロジェクト」の「再構築計画の適切性について」**行ったシステム監査の，〔予備調査の結果〕の記述は下記等。

・「営業統括部やそのほかの利用部門には，**営業支援システムの業務機能の全体を把握している従業員がいない**状況である。また，**現行システムの開発を担当したベンダも既に保守業務から撤退**し，現在は別のベンダが保守を担当している。しかも，**保守用のドキュメントが不足**しており，**システム部にもシステム全体を理解している担当者がいない**状況である。」

続く**〔本調査の計画〕の表 2 中，項番③（要件定義の妥当性）が示す「設計工程」のリスクは，**「[ア]」である。

Q **監査部が，設計工程で顕在化すると考えた，表 2 中の[ア]に入れるべきリスクを，40 字以内で述べよ。** （R03 秋 AU 午後 I 問 2 設問 3（i））

A **「現行システムの要件を熟知している者がいないので，仕様を適切に確定できない。（37 字）」**

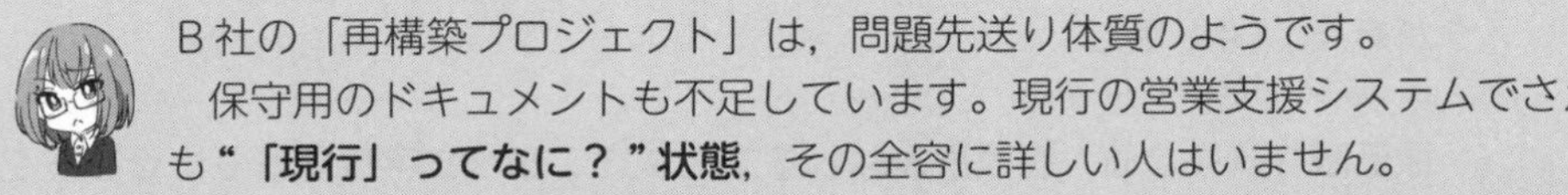

B 社の「再構築プロジェクト」は，問題先送り体質のようです。

保守用のドキュメントも不足しています。現行の営業支援システムでさえも **“「現行」ってなに？”状態**，その全容に詳しい人はいません。

“何をやってるシステムかはよく知らない。けど，今まで通りの仕様で作り直す感じ？”でやり過ごそうとするその根性【→ p323】を，システム監査で暴こうとしています。

こう書く！

適切な，「組込み機器のハードウェアの製造を外部に委託する場合の**コンティンジェンシープラン**の記述」とくれば→「部品調達の**リスクが顕在化したときに備えて，対処するための計画**を策定する。」（R04 秋 AP 午前問 65 選択肢エ）

4 保険会社 B 社での，**「営業支援システムの再構築プロジェクト」の「再構築計画の適切性について」**行ったシステム監査の，〔本調査の計画〕の記述は下記等。

・**表 2 中，項番③（要件定義の妥当性）が示す「テスト工程」のリスクは，「テストが計画どおりに進捗せず，品質低下やスケジュール遅延を引き起こすおそれがある。」**である。

・**「表 2 項番③のリスクについて，計画書**（注：意味は**「プロジェクト計画書」**）**の内容を見ると，“ 現行を踏襲する ” 機能については，要件定義書にも具体的な要件は記載せず，“ 現行どおり ” と記載する計画になっている。」**

Q **監査部が，テスト工程のリスクを引き起こす要因として考えたことは何か。40 字以内で述べよ。** (R03 秋 AU 午後 I 問 2 設問 3（ii）)

A **「業務要件が明確でないので，要件を充足しているかどうかのテストができないこと（37 字）」**

表 2 中，項番③が示す**「設計工程」のリスク**については，【→ p322】をご覧下さい。

別の箇所の記述によると，**B 社内には現行の「営業支援システムの業務機能の全体を把握している従業員がいない」そうです。**本文では淡淡と述べられていますが，そこから読み取れることは，「営業支援システム」への無知・無関心ゆえに開き直って**“ ま，要件定義書も「現行どおり」と書いときゃいいだろ。” で済ませようとする態度**です。**後工程で火を噴くのは目に見えているので，システム監査で指摘しましょう。**

こう書く！

「**システム監査人が，**監査報告書に記載した改善提案の実施状況に関する情報を収集し，**改善状況をモニタリングすること**」（R04 秋 AU 午前Ⅱ問 4 選択肢ウ）とくれば
→『システム監査基準（平成 30 年）』での **“ フォローアップ ”** の説明

パターン8 「“監査”の知識」系

システム監査の，いわばお作法を問う出題です。特に**システム監査人の独立性についての出題は確実に答えられるよう**，本パターンの１問目を参考に，その答え方を押さえて下さい。

1 電子部品メーカＳ社では，「**情報システム部における開発経験が豊富なＫ氏を監査部に異動させることで，システム監査体制を強化した。**今年度，**監査部が販売システムの監査を実施するに当たり**，監査部長は，①Ｋ氏を監査人に任命することに関して，独立性の観点から確認し，監査チームのメンバとして参加させることにした」。

Q **本文中の下線①について，監査部長が確認したと考えられる事項を，30字以内で具体的に述べよ。**
（R02AP午後問11設問1）

A **【内一つ】「販売システムの担当から離れて一定期間経過していること（26字）」「販売システムの開発・保守業務に対する関与度合い（23字）」**

システム監査に限らず，**一般に，監査人には独立性（いわば，よそよそしさ）が求められます。**

『システム監査基準』（経済産業省 平成30年4月20日）では，「【基準4】システム監査人としての独立性と客観性の保持」の解釈指針として，**「システム監査人が，以前，監査対象の領域又は業務に従事していた場合，原則として，監査の任から外れることが望ましい。」**と述べます。「原則として」なので，本問のように**確認した上で問題がないと判断されれば，話は別です。**

引用：『システム監査基準』（経済産業省 [2018]p12）

2 R社に新たに就任した，**監査の知見もある社長からのコメントは**，「システム部からの報告によると，システムのリリース延期や本番稼働後のトラブルも少なくないと聞いている。**これまでの開発プロジェクトの監査では，主に開発工程の終了時の状態を監査しているが，それだけでプロジェクトの状況を適時に把握できるのか。**例えば，**監査人が，工程の進行中に開発プロジェクトの進捗会議に出席することは利点があると考えられる**ので，検討すること。」等。

Q **社長が考えた，監査人がプロジェクトの進捗会議に出席する利点を40字以内で述べよ。** (R02AU午後Ⅰ問2設問2（ⅰ))

A **「プロジェクトの状況を適時に把握し，早期に改善策を提案することができる。(35字)」**

答はこれで良いとして。本問ではそのメリットが，**次の設問2（ⅱ）ではデメリットが問われました。**「監査部長は（略，注：前問の）利点もある反面，問題点もあると考えた。その問題点」として，答に**「監査人が出席することで，進捗に遅延があってもその根本原因を隠すことがある。」**を書かせました。

これはシステム監査に限らない現象です。AP試験［午後］問9（プロジェクトマネジメント）でも，**リーダがとる高圧的な態度が，メンバからの“報連相”を萎縮させてしまい**【→p197 解説】，**バグや後日の“炎上”の火種を隠されてしまうことによるトラブル**を指摘させる出題に備えて下さい。

こう書く！

「eシール」とくれば→「法人が作成した電子文書データについて，**その電子文書データの作成者が間違いなくその法人**であり，かつ**その電子文書データは作成後に改ざんされていない**ことを証明するものである。」(R04春SA午前Ⅱ問16選択肢エ)

3 電子部品メーカS社での，**「販売システム」が行う「受注処理」**では，「得意先マスタに登録されている**受注条件，与信限度額の範囲内の**（注：得意先からの）**発注データは，自動で受注確定されるとともに，物流システムに出荷指図データが送信される**」。

1.6ページ略，監査チームがまとめた**販売システムへの監査手続（表1）のうち，「事前に登録された受注条件や与信限度額の範囲を逸脱した発注データは，受注エラーリストに出力される。」に対する監査手続**は下記。

・「**発注データのチェックに関して**，②受注条件や与信限度額の範囲を逸脱した架空の発注データを監査人が作成し，営業部端末から販売システムに入力して，受注エラーリストに出力されることを確かめる。」

Q **表1中の下線②について，この監査手続を実施する場合，監査人は業務への影響について，どのような点に留意しなければならないか。35字以内で述べよ。**

(R02AP 午後問11 設問3)

A 「監査人が作成した発注データが受注確定されてしまわないこと（28字）」

システム監査人は，**下線②の監査手続では，適切な誤りを含む架空の発注データを入力することで，「受注エラーリストに**（注：適切なエラーが）**出力されることを確かめ」たい**ようです。

ですが，**適切に誤ることをミスってしまい，一周回って“誤りのない（＝受注条件や与信限度額に問題がない）架空の発注データ”を入力してしまうと，**そのデータによって**自動で（＝勝手に）受注が確定してしまいます。**加えて，**その出荷指図も物流システムに自動で（＝勝手に）飛んでしまい，架空の話が現実のトラブルに変わります。**怖いですね。

練習用解答用紙

コピーしてご利用ください。1 行 10 字です。

村山直紀（むらやま・なおき）

（一社）情報処理安全確保支援士会 理事。
1972年京都市生まれ，電気通信大学大学院電気通信学研究科博士前期課程修了，博士後期課程中退，修士（学術）。専門商社を経て企業向け研修講師に転じる。IEEE，情報処理学会，社会情報学会 各会員。電気通信主任技術者（線路，伝送交換），ネットワークスペシャリスト ほか，Facebook グループ「情報処理安全確保支援士」管理人。『うかる！ 情報処理安全確保支援士 午後問題集』（日本経済新聞出版），『ポケットスタディ』シリーズ（秀和システム）など著作多数。
情報処理安全確保支援士（登録番号第000029号）。

うかる！ 応用情報技術者［午後］速効問題集

2023年2月24日　1版1刷
2024年3月4日　　2刷

著　者　村山直紀
発行者　國分正哉
発　行　株式会社日経BP
　　　　日本経済新聞出版
発　売　株式会社日経BPマーケティング
　　　　〒105-8308　東京都港区虎ノ門4-3-12
装　幀　斉藤よしのぶ
イラスト　Ixy
D T P　朝日メディアインターナショナル
印刷・製本　三松堂

ISBN 978-4-296-11708-6　
本書籍に関するお問い合わせ、ご連絡は下記にて承ります。
https://nkbp.jp/booksQA

Printed in Japan